북유럽 자녀교육의 비밀

KB090871

Foreign Copyright:
Joonwon Lee
Address: 127, Yanghwa-ro, Mapo-gu, Chomdan Building 6th floor,
        Seoul, Korea
Telephone: 82-70-4345-9818
E-mail: jwlee@cyber.co.kr

북유럽 자녀교육의 비밀

2015. 4. 30. 1판 1쇄 발행
2017. 9. 22. 1판 2쇄 발행

저자와의
협의하에
검인생략

지은이 | 최경선
펴낸이 | 이종춘
펴낸곳 | BM 주식회사 성안당
주소 | 04032 서울시 마포구 양화로 127 첨단빌딩 5층(출판기획 R&D 센터)
     | 10881 경기도 파주시 문발로 112 출판문화정보산업단지(제작 및 물류)
전화 | 02) 3142-0036
     | 031) 950-6300
팩스 | 031) 955-0510
등록 | 1973. 2. 1. 제406-2005-000046호
출판사 홈페이지 | www.cyber.co.kr
ISBN | 978-89-315-8118-8(03590)
정가 | 13,000원

이 책을 만든 사람들
책임 | 최옥현
진행 | 정지현
본문 디자인 | 하늘창
표지 디자인 | 박원석
홍보 | 박연주
국제부 | 이선민, 조혜란, 김해영, 김필호
마케팅 | 구본철, 차정욱, 나진호, 이동후, 강호묵
제작 | 김유석

www.cyber.co.kr
성안당 Web 사이트

■ 도서 A/S 안내

성안당에서 발행하는 모든 도서는 저자와 출판사, 그리고 독자가 함께 만들어 나갑니다.
좋은 책을 펴내기 위해 많은 노력을 기울이고 있습니다. 혹시라도 내용상의 오류나 오탈자 등이 발견되면 "좋은 책은 나라의 보배"로서 우리 모두가 함께 만들어 간다는 마음으로 연락주시기 바랍니다. 수정 보완하여 더 나은 책이 되도록 최선을 다하겠습니다.
성안당은 늘 독자 여러분들의 소중한 의견을 기다리고 있습니다. 좋은 의견을 보내주시는 분께는 성안당 쇼핑몰의 포인트(3,000포인트)를 적립해 드립니다.

잘못 만들어진 책이나 부록 등이 파손된 경우에는 교환해 드립니다.

유럽의 대표 교육 선진국
영국, 프랑스, 핀란드, 노르웨이의 **자녀 교육 지침서**

북유럽 자녀교육의 비밀

| 최경선 지음 |

교육의 근간인 사랑과 존중, 그 마음의 되살림을 꿈꾸며

유치원 원장이 된 후 어느덧 20년이 훌쩍 지났다. 오늘도 한겨울 추위를 뚫고 아이들과 함께 눈 내린 산에 다녀왔다. 자연 속에서 뛰어 놀며 자란 아이는 급변하는 세상에서도 잘 적응하는, 건강하고 자존감이 강한 사람으로 자라나기 때문이다.

유치원에서는 매일 아침 맞이하는 풍경이 있다. 둘 중에 누가 늑장을 부렸는지 등원 차량에 오르지 못해 엄마가 출근 복장으로 아이 손을 잡고 헐레벌떡 유치원 문을 열고 들어서는 모습이다.

엄마의 표정은 상기되어 있고 아이는 허둥지둥 영문도 모른 채 엄마에게 떨어지지 않으려고 안간힘을 쓰고 있다. 엄마는 아이를 선생님에게 맡기고 돌아서며 겨우 안도의 한숨을 쉬고, 아이는 엄마가 사라지는 모습을 보며 눈물을 뚝뚝 흘린다. 그러나 교실에 들어와서는 언제 그랬냐는 듯, 금방 친구들과 어울려서 깔깔거리며 웃고 장난을 친다.

우리의 육아와 교육은 어느 순간부터 힘겨움, 고달픔, 부담으로 자리 잡았다. 사랑하는 사람을 만나 그 결실인 아이를 낳았다면 아이를 기르며 기쁨과 행복을 느껴야 하는데 오늘날의 엄마들은 직장 일과 가사에 시달리며 육아와 전쟁을 치르고 있다. 이러한 일이 벌어지는 것은 육아의 부담을 덜어주는 공동체가 붕괴된 현실과 공부만을 중요시하는 풍토, 그리고 잘못된 육아 상식으로 갈 길을 잃은 교육관 때문이다.

나는 이런 엄마들에게 육아의 자신감과 행복을 되돌려줄 수 있는 방법은 무엇일까 고민했다. 그러자 우리보다 먼저 산업화와 저 출산, 육아의 공백을 겪은 유럽이 떠올랐다. 나는 최근에 각광받고 있는 북유럽부터 오랜 역사를 자랑하는 서유럽까지 찬찬히 돌아보며 나름대로 해답을 찾을 수 있었다.

그들의 육아는 우리와 마찬가지의 문제를 겪었고, 사랑과 배려, 여유가 깃든 방법으로 극복했다. 따라서 그것의 장점을 선별해 우리에게 적용한다면 오늘날의 부모들이 육아에 조금 더 편안하게 다가갈 수 있지 않을까 하는 생각이 들었다.

하지만 유럽은 우리나라와 국민성, 환경, 역사가 판이하게 달랐다. 그래서 한국의 엄마들이 유럽의 육아법을 있는 그대로 받아들이기에는 무리가 있었다.

결국, 다시 원점으로 돌아가 연구한 끝에 우리의 전통적인 육아법이

유럽 교육의 빈틈을 채워줌은 물론 한국 엄마들에게 더 익숙하고 편안하게 다가설 수 있다는 것을 깨달았다. 그래서 필자는 이 책에 유럽의 교육법과 한국의 전통 교육법을 동시에 소개하고 우리가 지금, 당장 할 수 있는 즐거운 육아의 지평을 보여주려 노력했다. 또한 현대를 살아가는 현명한 엄마들이 선택할 수 있는 다양한 방법들을 알려주고 육아의 주도권을 가질 수 있도록 돕는 것에 초점을 두었다.

더불어 유치원을 운영하면서 만난 수많은 아이들, 엄마들을 통해 얻은 깨달음을 함께 담아 육아가 고통이 아닌 행복이라는 것을 알리려 노력했다.

유럽과 한국의 교육법은 공통점이 많다. 흔히 우리의 전통 육아가 아이를 억압하고 기를 꺾는다고 생각할지 모르지만, 그 안을 자세히 들여다 보면 아이를 배려하고 존중하며 사랑을 행하는 지혜로운 어머니를 발견할 수 있다. 유럽 역시 아이를 기다려주고 선택권을 허락하는 행복한 어머니가 있다. 이 두 지역의 어머니들은 자녀를 욕심이 아닌 사랑으로 길러내며 육아를 고통이 아닌 행복으로 반전시키는 능력을 갖추었다고 생각한다. 이런 두 지역의 어머니 중 한국의 엄마들은 '에코맘', 유럽의 엄마들은 '유럽맘'이라 이름을 붙여주었다.

좀 더 자세히 정의를 내리면, 에코맘은 현대식 고등교육을 받았으나 전통적인 정서를 갖고 있는 오늘날의 엄마들을 뜻한다. 더불어 에코는 하나의 세대에서 다른 세대로 넘어가는 것을 뜻하기도 하며 자연친화적인 성격을 가지고 있음을 상징한다.

이 책에 실린 내용을 한 줄로 요약하자면 '자연에서 아이를 키우는 유럽맘을 상기하면서, 더 큰 자연인 에코맘의 품에서 따스하게 아이를 길러내자'는 것이다. 그리고 인간의 모태인 자연과 우리 아이들의 모태인 엄마 품에서 아이가 자연성을 회복해 건강하게 자라게 하자는 것이다.

한국과 유럽을 한걸음씩 돌아보며 그 이정표로 삼은 것은 바로 '핵심 역량'이다. 핵심 역량은 세계화 시대를 살아가면서 아이들이 지식을 쌓기 이전에 갖추어야 할 가치관, 태도, 능력 등을 뜻한다. 현재 OECD 등의 국제기구에서 이에 대해 활발하게 논의하고 관련된 프로그램을 진행하고 있다.

이 책에서는 신체적 · 정서적 · 사회적 · 도덕적 · 지적인 핵심 역량들을 유럽과 한국을 넘나들며 자연스럽게 발견하고 키워갈 수 있도록 키워드로 풀어냈다. 핵심 역량에는 아이 스스로 갖추어야 할 것들도 많지만 사회와 부모가 함께 해주어야 가능한 것들도 많다. 그것을 주의 깊게 살핀다면 보다 편안하게 육아에 집중할 수 있을 것이다.

유럽과 한국을 오가며 육아법을 소개하다 보니 살짝 듣기 불편한 이야기도 섞여 있을 것이다. 필자는 사랑으로 버무려 놓았다 생각하지만, 독자들 중에는 그 이야기가 아프게 다가올 수도 있을 것이다. 하지만 마음의 자리를 단단하게 만들었으면 하는 소망에서 비롯된 것이니 독자들이 너그럽게 이해해주길 바란다.

이 책 속에서 다르지만 같은 두 지역의 어머니와 만나 지친 마음을 위로 받고, 육아의 자신감도 회복하는 기회를 가지길 바란다.

차례

1부
위기를 맞은 육아,
유럽에서 지혜의 한 토막을 얻다

2부
경쟁을 넘어 미래를 걷는
유럽 교육 현장

3부
아름다운 에코맘의 혁명,
내 아이를 뜨겁게 끌어안다

1부

위기를 맞은 육아,
유럽에서 지혜의
한 토막을 얻다

유럽의 한가운데서 우리 교육을 되돌아보다

일등이 왜 하고 싶나요?

움켜진 욕심의 손을 펴면 육아의 즐거움이란 선물을 받는다

행복한 아이는 행복한 부모에게서 나온다

유럽의 자연 환경과 수준 높은 복지와 평등한 사회 분위기.

이것을 우리가 당장 가져올 수는 없다.

하지만 그런 환경적인 부분은 접어두더라도

가정을 중시하는 분위기와

아이의 잠재력을 길러주는 방법,

아이와 부모가 동시에 행복해질 수 있는

육아법 등은 얼마든지 가져올 수 있다.

이런 방법들이 육아 방식의 과도기를 겪고 있는 우리 엄마들에게

좋은 대안이 되어줄 거라 생각한다.

━━━━━

유럽의 한가운데서
우리 교육을 되돌아보다

언제부턴가 북유럽 부모를 뜻하는 '스칸디맘', '스칸디 대디'와 '파리 엄마'라는 말이 사람들의 입에 오르내리고 있다. 이들의 교육법을 배우고자 하는 움직임이 일어나고 있기 때문이다.

행복지수 1위의 사람들이 산다는 스칸디나비아 반도. 공부를 많이 시키지 않는데도 아이들이 국제학술평가에서 항상 상위권을 유지하는 곳. 그래서 이곳에 대한 관심이 늘어나고 있는 것이다. 더불어 엄격한 자세로 단호한 교육을 하며 육아의 주도권을 놓지 않는 파리 엄마에 대한 관심도 높아지고 있다.

스칸디나비아 반도는 스웨덴, 핀란드, 덴마크, 노르웨이 등 북극과 가깝게 붙어 있는 기다란 반도 모양의 나라들을 가리키는 말이다. 바

이킹의 후예인 이곳 사람들은 푸른 눈과 커다란 키, 그리고 근면한 성격과 인내심을 지니고 있다. 게다가 뛰어난 예술적 감각까지 소유하고 있다.

북유럽을 여행하다 보면 아름다운 숲속에 오밀조밀 예쁜 집들이 기가 막히게 자리 잡고 있는 것을 볼 수 있다. 그런데 동화 속에서 방금 튀어나온 것 같은 그 집들에 가까이 가보면 생각보다 아담하다는 것을 알 수 있다. 심지어 공공기관 같은 건물도 초라하다고 여겨질 정도로 작다. 하지만 그 내부는 깔끔하고 절제된 인테리어 덕분에 세련된 느낌을 준다. 겉으로 보이는 것보다 내실을 중요시하는 성격이 잘 드러나 있는 것이다.

전 세계를 휘어잡고 있는 그들의 가구와 디자인을 생각해보자. 거추장스러운 것은 하나도 없고 꼭 필요한 기능만 살리고 있다. 그래서 더할나위 없이 세련되고 실용적이다.

이런 실용주의는 아이들 교육에서도 잘 나타난다. 누군가에게 보여주기 위한 교육이 아닌, 실질적이고 필요한 교육, 그리고 그 나이 때에 꼭 해야 하는 교육만을 시킨다. 이곳의 교육은 부모의 욕심이 아닌 아이의 행복을 중요시한다. 그리고 아이를 하나의 인격체로 대하며 사회성을 갖춘 인간으로 성장시키는데 초점을 맞춘다. 이곳에서는 우리처럼 옆집 아이, 뒷집 아이, 같은 반 아이와 비교하며 닦달하는 일은 절대 없다. 오히려 공부에 뒤떨어진 친구를 배려하는 자세를 기르도록 훈육한다.

'파리 엄마'로 대변되는 서유럽은 프랑스, 영국, 독일 등으로 우리가 흔히 유럽하면 떠올리는 그곳이다. 서유럽의 육아법은 오래된 전통을 기반으로 하고 있어 북유럽보다는 다소 단호하고 엄격하다. 이곳은 개인주의를 중심으로 하면서 공동체에서 한 사람의 몫을 제대로 해내기 위한 협동심을 중요하게 생각한다. 북유럽이 다소 느슨하고 자유로운 분위기가 있다면 서유럽은 엄격하면서도 안정감이 있는 것이 특징이다.

사실 유럽의 교육이라는 것이 그리 거창한 것은 아니다. 아이와 몸을 부대끼며 많은 시간을 보내고, 같이 산책하고, 요리를 하고, 즐겁게 놀아주는 것이 전부다. 이들은 아이들이 잘할 수 있고 행복해할 수 있는 직업을 스스로 찾을 수 있도록 옆에서 지켜봐 준다. 부모와 아이가 아이의 유년시절을 맘껏 즐기면서 말이다.

이처럼 부모가 가정을 삶의 1순위로 두고 많은 시간을 아이들과 함께 보내기 때문에 유럽 아이들은 정서가 안정되어 있고 그래서 행동장애 아이들이 적다는 연구 결과도 있다. 우리가 그렇게 말로만 강조하던 인성교육, 전인교육, 그리고 부모와 아이가 모두 행복한 교육을 유럽에서는 이미 오래 전부터 실행하고 있었던 것이다.

사실 우리나라 엄마들의 입장에서 보면 고개가 갸우뚱해질 일이다. 우리는 태아 때부터 영어 시디를 들려주고, 말문이 터지면 숫자를 알려주려 노력하니 말이다.

유럽에서는 사회와 부모가 아이를 함께 기른다. 우리처럼 오로지 한 개인에게, 그것도 엄마에게만 육아와 교육이 집중돼 있지 않다. 유럽에

서는 가정과 유치원, 학교 등의 교육 시설, 그리고 지역사회가 절묘한 조화를 이루면서 개인이 갖고 있는 잠재력을 최대한 발휘할 수 있도록 힘쓴다. 이러한 일이 가능한 것은 차별 없는 사회 시스템과 수준 높은 복지 정책 덕분이다.

유럽은 대학 교수와 블루컬러가 비슷한 임금을 받고, 각자의 위치에서 전문가로서 대접을 받는 사회이다. 물론 아주 세세하게 들어간다면 더 존경받는 직업이 있을 수도 있을 것이다. 하지만 대체적으로 유럽은 차별이 없는 평등한 사회다. 그래서 더 좋은 직업을 가지려 노력할 필요도 없고 경쟁에서 이기려 숨 가쁘게 달릴 필요도 없다. 그저 자기가 좋아하는 것, 잘 할 수 있는 일을 찾고 선택하면 그뿐이다.

유럽에서는 어떤 직업을 갖든 전문가로서 대접을 받고 비슷한 경제력을 갖는다. 그리고 높은 세금을 바탕으로 한 노인 복지 제도 덕분에 어떤 직업을 택하든 노후를 걱정할 필요도 없다.

유럽의 교육 여건과 그 배경을 알면 솔직히 부럽기도 하고, 절망도 느낀다. 한국의 엄마들은 육아에 온 힘을 쏟으면서도 엄마 노릇을 제대로 하지 못한다고 느낀다. 엄마들은 최선을 다해 교육을 한다고 생각하지만, 아이들은 그 때문에 힘들어 하기 때문이다.

우리 사회는 또 어떤가? 겉으로는 평등하다고 말하지만 빈부 격차는 점점 더 커지고 있다. 그리고 사회적으로 더 존경받는 직업, 더 대접받는 직업이 엄연히 존재한다. 그래서 이러한 직업을 가질 수 있도록 자신과 아이들을 치열한 경쟁 속으로 내몬다.

그런데 잠시만 숨을 고르며 우리 자신을 되돌아보자. 남들은 200년 걸릴 현대화를 우리는 50년 만에 이루어냈다. 그 과정에서 급변하는 사회의 흐름을 잘 읽어낸 사람들은 한 몫 단단히 챙기기도 했다. 그런데 이제는 그런 요행을 바라기 어렵다. 따라서 공무원이나 대기업 직원 같은 안정적인 직업을 선호하게 됐다. 공부를 특출나게 잘 할 경우 의사나 변호사 같은 전문직을 꿈꾸기도 한다. 그런데 이런 직업을 가진다고 해서 행복해질 수 있을까?

요즘은 대기업 직원이 된다고 해도 정년을 보장받기 힘들다. 40대에 옷을 벗는 일도 흔한 일이 됐다. 그러므로 공부를 잘해서 그 혜택을 누리는 것은 고작 10년에서 15년에 불과하다. 그렇다면 그 짧은 시간을 위해 인생의 기초공사에 해당되는 유년시절을 희생하는 것이 옳은 일일까?

어린시절은 인생의 기초공사를 해야 하는 때이다. 기초공사의 깊이와 넓이를 보면 건물의 크기를 예측할 수 있다. 기초가 깊고 단단하다면 아이는 자라면서 자신의 인생을 보다 높고 넓게 만들어나갈 수 있다. 부모라면 아이가 이런 기초공사를 잘 할 수 있게 도와야 한다.

그런데 인생의 기초는 사교육 같은 것으로는 단단히 다질 수 없다. 인생의 기초는 부모와의 공감, 행복한 추억, 건강한 육체 등으로 다져진다. 따라서 부모는 1만 시간이 지났을 때 아이가 자기 분야에서 전문가가 될 수 있도록 지력, 체력, 심력을 길러주어야 한다. 나는 우리나라 엄마들이 그럴 능력이 충분하다고 생각한다.

지금 30~40대 엄마들, 그러니까 에코맘들은 과거 치맛바람을 일으키며 좋은 학군을 찾아 이사를 다니던 엄마들과는 많이 다르다. 에코맘들은 궁핍한 어린시절을 경험한 기성세대와 달리 물질문명의 혜택을 받았고 양질의 교육 또한 받았다. 또한 과거의 엄마들과 달리 자신을 돌아보고 자신의 행복을 추구하는 능력도 갖추고 있다. 한 가지 아쉬운 점이 있다면 주입식 교육과 입시 교육을 받았던 에코맘들이 자신의 자녀들에게는 전인 교육, 감성 교육을 시켜야 하는 입장에 서 있다는 것이다. 자신이 배우지 못하고 경험하지 못한 것을 자녀에게 알려줘야 하니 수많은 시행착오를 겪을 수밖에 없다. 그렇다고 해서 달라진 사회와 가치의 변화를 받아들이지 않을 수도 없다. 힘들지만 우리 아이들에게는 더 나은 교육과 더 행복한 유년시절을 선물할 의무가 있기 때문이다. 어렵기는 하겠지만, 유럽식 교육을 전인 교육의 모델로 받아들인다면 조금쯤은 편안하게 다가설 수 있을 것이다.

물론, 유럽의 자연 환경과 수준 높은 복지, 그리고 평등한 사회 분위기를 당장 가져올 수는 없다. 하지만 환경적인 부분은 접어두더라도 가정을 중시하는 분위기와 아이의 잠재력을 길러주는 방법, 아이와 부모가 동시에 행복해질 수 있는 육아법 등은 얼마든지 가져올 수 있다. 이런 방법들이 육아 방식의 과도기를 겪고 있는 우리 엄마들에게 좋은 대안이 되어줄 거라 생각한다.

유럽 교육은 부모가 자녀에게 무조건적인 희생을 하고 사랑을 베푸는 일방적인 육아 방식이 아니다. 오히려 자녀를 소중한 인격체로 바라보고 부모와 자녀가 평등한 관계를 유지하면서 서로를 인정해주고 존중해주는 방식이다. 또한 평등 속에서도 부모가 육아의 주도권을 가지고 아이에게 책임 있는 교육을 실시하는 방식이기도 하다. 이 책 전반에 거쳐 설명할 유럽식 교육의 장점들이 아이의 꿈을 찾아주기 위해 노력하는 엄마들에게 조금이나마 도움이 되리라 확신한다.

일등이
왜 하고 싶나요?

유아를 둔 엄마들에게 아이가 가장 예쁠 때가 언제냐고 물으면 "그야 잠잘 때가 제일 예쁘죠."라고 대답한다. 그리고 아이가 일어나 돌아다니기 시작하면 그 마음이 싹 가신다는 말도 덧붙인다.

그런데 아이가 유치원에 다니기 시작하면서 엄마의 마음은 서서히 변하기 시작한다. 공부에 대한 욕심이 끼어드는 것이다.

"우리 애는 벌써 한글을 다 떼고 영어도 곧잘 해요. 숫자도 50까지 세고요. 그럴 때 너무 대견하고 예뻐요."

그러다 초등학교에 가면 절정을 이룬다.

"책상에 앉아 있을 때가 제일 예뻐요."

아이가 태어날 때는 오로지 손가락 발가락이 10개씩 제대로 있고 잘 먹고 잘 자기만 해도 예뻤다. 그런데 아이가 커갈수록 아이 자체보다는 성적으로 아이를 판단하고 사랑도 성적순으로 준다. 그리고 아이가 엄마의 욕심을 채워주지 못하면 너무나 쉽게 상처 주는 말을 내뱉는다. 이럴 때면 정성을 다해 지어준 이름 대신 '야'라는 말을 사용한다.

"야! 공부도 못하면서 자꾸 밖에 나가서 놀면 어떡하려고 그래?"

"야! 공부도 못하면서 밥이 넘어가니?"

"야! 공부도 못하면서 만화를 그리면 누가 알아주니?"

"야! 공부도 못하면서 춤이나 추고 한심하다."

"야! 공부도 못하면서 왜 이렇게 게임에만 미쳐있는 거니?"

아이가 춤추고 노래하고 밥 잘 먹고 그림에 소질이 있다면 마땅히 기뻐해야 할 일이다. 그런데 왜 공부를 못한다는 이유만으로 아이에게 상처를 주는 것일까? 아이가 공부하는 기계가 아님을, 공부가 세상의 전부가 아님을 알면서도 일단은 공부하는 모습을 봐야 안심이 되기 때문이다. 그래서 아이의 가슴에 대못을 박는 말 한 마디를 더 내뱉는다.

"옆집 민지는 이번에 1등 했다더라. 넌 도대체 뭐가 부족해서 만날 이 모양이니?"

엄마들이 이렇게 아이들의 공부에 목을 매는 까닭은 공부가 최고인 시대를 살았기 때문이다. 그 때는 공부를 잘해야 반장도 하고 선생님께 관심을 받았다. 공부를 잘하면 전교생이 보는 앞에서 상장도 받고 으스댈 수도 있었다. 아무리 성격이 못되고 잘난 척하는 아이라도 공부를 잘하면 모든 것을 용서받았다. 반면에 공부는 못하지만 다른 곳에 재능을 보이면 이런 말을 들었다.

"야, 그거 대학 못 가면 아무 소용없어. 그러니까 일단 대학부터 들어가고 봐."

그런데 좋은 대학을 나온 사람이라면 정말 행복할까? 그렇지 않다. 좋은 대학을 나왔어도 자존감 없이 열등감을 안고 살아가는 이들이 많다. 그럼에도 한국 사람의 학력 콤플렉스는 여전히 현재진행형이다.

중학교 못 나온 사람은 사람대접 못 받는다고 서러워하고, 고등학교 못 나온 사람은 고등학교도 못 다닌 주제라고 서러워하며, 전문계 고등학교 나온 사람은 인문계 고등학교를 못 나왔다고 서러워한다. 이뿐만이 아니다. 인문계 고등학교를 나왔지만 대학에 못 간 사람은 전문대학도 못 나와 출세에 지장이 있다고 안타까워한다.

이런 사회분위기 속에서 '나는 나를 좋아하고, 나를 자랑스럽게 여기며, 내가 선택한 일에 긍지를 느낀다.'고 자신 있게 말할 수 있는 사람은 얼마 없을 것이다.

이런 열등감과 조바심이 건강한 내 아이를 망치는 지름길임을 잊지 말아야 한다. 설령 내가 열등감 속에서, 성공에 대한 강박관념을 가지고 살아왔더라도 우리 아이들에게만큼은 건강한 정신과 자부심, 자신을 사랑하는 자존감을 물려주어야 한다.

아이가 자부심과 자존감을 가지고 있다면 공부를 못하더라도 자신이 잘할 수 있는 일을 얼마든지 발견해서 성공할 수 있다. 물론 그것이 엄마가 생각하는 성공과는 거리가 멀 수 있다. 하지만 그것이 아이가 선택한 것이라면 존중해줘야 한다. 아이는 엄마의 소유가 아니라 하나의 인격체이기 때문이다. 그 어떤 엄마라도 아이가 좋은 대학을 나와 좋은 직장에 취직했는데도 여전히 열등감에 사로잡혀 자책하고 원망하는 어른으로 크기를 바라지는 않을 것이다.

물론, 아이들이 공부를 잘하면 인생을 보다 풍요롭게 설계할 수 있고 자신이 하고 싶은 일을 선택할 때 도움이 되는 것은 사실이다. 그렇기에 엄마들은 아이를 일등으로, 리더로 키우고 싶어 한다.

하지만 아이마다 공부에 관심을 가지는 시기가 다르고 능력도 다르다. 어떤 아이는 초등시절부터 공부를 잘해서 쭉 이어가고, 어떤 아이는 중학교 때, 어떤 아이는 대학에서 문리가 터지기도 한다. 그러므로 조급한 마음에 너무 어릴 때부터 공부하기를 강요하면, 아이는 평생 동안 공부에 흥미를 가지지 않을 수도 있다.

아이가 정말로 공부를 잘할 수 있도록 도우려면 어린시절에는 마음껏 뛰어 놀고 오감과 창의력을 키워나갈 수 있도록 도와주어야 한다. 아이들은 놀이를 통해서 판단력, 인내, 수리능력 등을 키운다. 그 능력들은 나중에 공부를 할 때 빛을 발하게 된다. 그래서 아이들은 많이, 제대로, 즐겁게 놀아야 한다. 이렇게 해야만 아이가 자신의 재능을 마음껏 펼칠 준비를 할 수 있다. 이렇게 해서 아이들이 공부에 흥미를 느끼게 되면 엄마들이 그렇게 바라마지 않던 자기주도학습을 하게 된다.

유럽에서는 성적을 강요하는 분위기 자체가 없다. 직업의 귀천이 없어서이기도 하고 공부는 아이 스스로 하는 것이라는 인식이 확고하기 때문이기 하다. 그리고 협력과 공생을 중요시하는 유럽은 경쟁하지 않으면서도 경쟁력을 키운다.

덴마크에서는 7살에 초등학교에 입학해 9년을 다닌다. 초등학교를 졸업하면 각자의 적성에 따라 인문고나 기술학교로 진학하는데 인문고에 진학한 학생은 나중에 대학에 들어가고, 기술학교에 다니는 학생은 졸업 후 취직을 하게 된다.

덴마크 초등학교에서는 각 아이의 능력에 맞게 교육을 한다. 조금 진도가 빠른 학생에게는 앞선 교과서를 주고 뒤처지는 아이는 선생님이 따로 도와준다. 그래서 교실 분위기가 조금 산만하게 느껴지기도 한다. 그러나 아이마다 공부하는 방법과 능력이 다르다고 믿기 때문에 이런 교육을 고집하고 있다.

여기에서는 아이의 성적에 대한 구체적인 평가 또한 하지 않는다. 학년이 올라갈 때 아이와 학부모에게 평가지를 나누어주는데 평가지에는 '잘한다.' '아주 잘한다.' '보통이다.'라는 항목만 있다. 아이와 학부모가 각자 평가하고 교사도 따로 평가한 평가지를 들고 다 같이 만나는데 대개는 그 평가가 일치한다고 한다.

덴마크에서는 아이들이 공부, 운동, 예술 등 잘하는 것을 따로 가지고 태어난다고 생각한다. 그래서 이곳의 아이들은 공부를 잘한다고 우쭐대지도, 못한다고 기죽지도 않는다. 노래를 잘하는 것처럼 공부도 하나의 능력이라고 여기기 때문이다. 그래서 상위권이라는 말도 없고 열등감도 없다. 그리고 그것을 평가하는 잣대인 시험도 없다.

핀란드에서는 7살이 되면 초등학교에 입학해서 9년을 다닌다. 대부분 집과 가까운 학교를 선택해서 다니기 때문에 학군이라는 것이 따로 없다. 9학년 동안 학습 내용을 충분히 숙지하지 못했다면 학생의 선택에 따라 1년을 더 다닐 수도 있다. 초등학교를 졸업하면 일반 고등학교와 직업학교에 진학할 수 있고 고등학교의 학력 차도 거의 없다.

핀란드에서는 교육은 공평하게 이루어지되 개별적으로 지도하는 방식을 택하고 있다. 여기에서 가장 주목할 점은 '못하는 학생'에게 교육의 초점이 맞춰져 있다는 것이다. 특히 초등학교 기간에는 등수를 매기지 않음으로 해서 친구와 경쟁하는 분위기 대신 서로 돕는 분위기를 조성한다. 조별 과제, 팀워크 활동을 통해서 잘하는 학생은 더욱 잘하게 하고, 못하는 학생은 일정한 수준으로 끌어올린다. 아이들은 이렇게 서로 도움을 주는 분위기 속에서 공부의 진정한 의미를 배우고 자신의 재능을 발견하게 된다.

핀란드에는 '탈꼬드'라는 말이 있다. '모두 같은 배에 탔다.'는 뜻이다. 이러한 정신 아래 교사와 학부모 등 핀란드의 어른들은 아이들이 공동체의 건강한 구성원으로 자랄 수 있도록 도움을 준다.

핀란드가 국제학술평가에서 1위를 달릴 수 있는 것은 공부 잘하는 아이가 많은 것도 있지만 전체 평균이 높기 때문이다. 뒤쳐지는 아이가 부끄러움 없이 당당하게 수업에 함께할 수 있도록 배려하는 교육체계가 이런 결과를 가져온 것이다. 경쟁보다는 협력을 할 때 진정한 힘이 나온다는 것을 보여주는 좋은 예이다.

독일은 6살이 되면 초등학교에 입학하고 5학년(11살)이되면 우리네 인문계 고등학교에 해당하는 김나지움이나 다른 중·고교에 들어간다. 그런데 모든 아이들이 김나지움에 입학하지는 않는다. 적성에 따라 실업학교 등에 가서 교육을 받고 바로 취업을 하기도 한다. 독일은 기술과 장인정신을 중요시하는 나라이기 때문에 우리처럼 꼭 김나지움에 가서 대학을 졸업해야 한다는 강박관념이 없다.

영국은 만 5세가 되면 초등학교에 입학하는데 이때의 과정은 유아학교라고 볼 수 있다. 6살은 초등학교 과정을 배우기 전에 준비를 하는 단계이다. 이때는 아이들이 학교에 싫증을 내지 않고 재미있는 분위기에서 공부할 수 있도록 하는데 초점을 맞춘다. 간단한 읽기와 쓰기, 숫자 공부가 이루어지며 놀이 중심으로 배운다.

초등학교는 11살 때까지 다닌다. 이후에는 우리네 중학교와 같은 교육과정을 거친다. 15세까지 의무교육을 받고 나면 직업학교 또는 대학을 선택한다. 의무교육은 무료이고 90%를 넘는 아이들이 공립 초등학교에 다닌다. 사립을 선택하면 학비 부담이 크다.

영국은 잉글랜드, 스코틀랜드, 웨일스, 북아일랜드 등 4개의 섬으로 이루어진 국가이다. 영국 주정부는 소소한 부분은 지방의 자율에 맡기고 있어 지방마다, 그리고 학교마다 조금씩 다른 교육환경과 정책을 보이고 있다. 그중에서도 스코틀랜드는 다른 지방과 확연히 다른 차이를 보인다.

이렇게 지방마다 다른 모습을 보이고 있지만, 아이들이 훌륭한 사회 구성원으로 자랄 수 있도록 한다는 교육 목표만큼은 공통적이라 할 수 있다. 그래서 영국의 교육은 또래들과 함께 생활하면서 지켜야 하는 각종 행동 원칙이라든가 위험으로부터 스스로를 보호하는 자립 능력 함양 등 생활의 기본 능력을 배양하는 데 중점을 둔다.

프랑스의 유아교육은 만3세부터 본격적으로 시작되며, 유치원은 대부분 나라에서 운영한다. 프랑스의 교육 제도는 1789년 프랑스 혁명과 나폴레옹의 통치시절 만들어진 공교육의 틀을 기초로 하고 있다. 구체적으로는 교육의 자유, 종교의 중립성, 무상교육, 의무교육, 국가에 의한 자격과 학위 관리라는 5가지 원칙 아래 중앙집권형 체계의 특징을 보인다.

16세까지는 의무교육이며 기본적인 학비는 무료이다. 프랑스는 오랜 전통 위에 다소 경쟁적인 학업 분위기를 가지고 있지만, 정부의 강

력한 통제와 이민자 아이들로 구성된 다문화 속에서 어울림을 중시하는 교육을 받고 있다.

다시 우리나라로 돌아와서 우리의 현실은 어떤지 살펴보자. 우리나라 아이들은 8살에 학교에 입학하지만 그 전에 각종 학원을 다니며 선행학습을 한다. 학교에서는 공동체 의식과 나눔보다는 경쟁을 먼저 배운다. 그런데 학원이며 과외며 아무리 많은 돈과 노력을 투자해도 혼자 숙제하는 것조차 어려워하는 아이들이 많다. 오죽하면 혼자 공부하는 법을 몰라 자기주도학습을 가르쳐주는 학원까지 등장했을까. 정부 또한 일관된 교육정책을 펼치지 못해서 학부모와 학생들에게 혼란을 주고 있다. 이런 상황에서 엄마들은 어떻게 해야 할까?

정부가 지금 당장 유럽처럼 학급 인원수를 줄이고 개인별 교육을 시키는 것은 무리다. 따라서 모든 것은 엄마의 마음먹기에 달렸다. 엄마들이 유치원 선생님이나 학교 선생님을 믿고, 무엇보다 아이들을 믿어주면 된다. 아이가 일등이 되기를 강요하는 대신 자신의 꿈을 찾을 수 있게 도와주는 것은 지금 당장이라도 할 수 있는 일이다.

유럽 교육의 핵심은 일등도 꼴등도 모두 소중하다는 것이다. 그리고 어떤 재능이든 그 재능을 존중한다는 것이다.

설사 내 아이가 지금 공부를 못한다 할지라도 그 안에는 보석과 같은 재능이 숨겨져 있을 것이다. 엄마라면 성적표를 내려놓고 아이가 보석을 캐내어 갈고 닦을 수 있게 도와주어야 한다.

움켜진 욕심의 손을 펴면
육아의 즐거움이란 선물을 받는다

본격적으로 유럽식 교육에 대해 알아보기 전에 먼저 부모의 역할에 대해서 살펴보도록 하자. 부모가 된다는 것은 끝없는 훈련과 경험을 통해서 아이와 함께 성장하는 것이다. 그 시작은 부모가 욕심을 버리고 시기에 맞는 적절한 교육과 돌봄을 제공하는 것에서부터 출발한다.

어느 초등학생의 일기장에 이런 내용이 적혀 있었다.

"저는 우주를 보고 싶지만 갈 수가 없습니다. 왜냐하면 영어(학원)도 가야 하고 피아노(학원)도 가야 하고 미술(학원)도 가야 하거든요. 그리고 우주선도 없고 그래서 못 갑니다."

참으로 웃음이 나오면서도 안타까운 일이 아닐 수 없다. 엄마는 아이가 잘 되라고 다소 무리한 스케줄을 짠 것이겠지만, 이 때문에 아이는 자신의 꿈을 잃어버리고 만 것이다.

그렇다면 아이의 꿈을 제대로 키워주고, 그 나이에 맞는 적절한 교육이란 무엇일까? 그것을 알아보기 위해 먼저 독일의 심리학자 에릭슨이 말한 인간 발달의 과정부터 살펴보도록 하자.

1단계(0~1세) : 영아기

아기가 태어나 처음으로 만나는 엄마와의 관계가 중요하다. 엄마는 아이가 배고파하면 젖을 주고, 대소변을 보면 기저귀를 갈아주는 등 즉각적인 반응을 해주어야 한다. 아이는 엄마의 세심한 보살핌을 통해 세상은 안전하고 믿을 수 있다는 신뢰와 함께 긍정적인 자아를 갖게 된다. 반면에 배가 고파 우는데 아무도 오지 않고, 기저귀가 젖었는데도 돌봐주지 않으면 분리불안과 세상에 대한 불신을 갖게 된다.

2단계(1~3세) : 유아기

아이가 스스로 걷고 사물을 살피는 시기다. 이때에는 엄마와 아빠의 행동을 따라하려는 욕구가 강하며 개성을 조금씩 드러낸다. 그리고 호기심과 요구 사항이 많아지며 부모가 항상 돌봐주기를 바란다. 이때 아이에게 적정한 한계 속에서 자유를 허락해주어 도움을 청하기 전까지는 스스로 활동할 수 있도록 배려하는 것이 좋다. 그리고 칭찬을 통해서 간단한 규칙을 지키도록 한다. 이때 아이가 자신의 의지를 연습하지 못하고 항상 제어를 받으면 아이는 다른 사람과의 관계에서 수치심을 느끼고 자신의 능력에 대해 의심하게 된다.

3단계(3~5세) : 학령전기

걷는 것이 익숙해지고 손의 움직임이 능숙해진 아이는 보다 많은 일을 할 수 있고, 스스로 하기를 원한다. 그래서 이것저것 살펴보며 말썽을 부리기도 하고 장난감에 금방 싫증을 내기도 한다. 그리고 친구를 찾고 또래집단과 역할을 분담하며 노는 것에 기쁨을 느낀다. 이때 아이가 주도적인 행동을 하도록 배려하지 않고 야단을 치면 아이는 죄책감을 가질 수 있다. 그러므로 긍정적인 설명과 함께 어떤 놀이가 위험하고, 왜 해서는 안 되는지 정확하게 설명해주는 것이 좋다.

4단계(6~11세) : 학령기

아이의 세계가 가정을 뛰어넘어 집단으로 확장되는 시기다. 이때가 자아 성장에 가장 중요한 시기이므로 아이가 학교생활에 잘 적응할 수 있도록 준비물 등을 꼼꼼하게 챙겨주고 친구 관계 등을 잘 살펴보아야 한다. 그리고 아이가 노력한 결과라면 그것이 다소 초라하게 느껴지더라도 아낌없는 칭찬을 해주어야 한다. 아이가 자신이 노력한 것에 대해 조롱이나 야단, 거절 등을 경험하면 열등감이 발달한다. 반면에 건설적인 칭찬을 들으면 근면성을 갖추게 된다.

5단계(12~18세) : 청소년기

자아 정체성에 대해 의문을 갖는 시기다. 또한 자신이 어떤 사람이 될 것인지 심사숙고하는 때이기 때문에 특히 중요한 시기이다. 따라서 좋은 또래집단, 존경할 만한 역할 모델 등이 필요하다. 그리고 아이가 자신에게 가장 적합한 것을 결정하기 위해 여러 역할이나 사상 등을 접하는 것을 막지 말아야 한다. 이때 자아정체성을 제대로 찾지 못하면 부정적 자아를 형성해 방황하기 쉽다.

에릭슨이 말한 인간 발달의 단계에서 가장 필요한 것은 그 나이 때에 맞는 부모의 '배려'와 '사랑'이다. 아기 때는 잘 먹이고 잘 재우고, 조금 자라서는 잘 놀 수 있게 돌봐주는 양육자 역할을 하고, 학교에 가면 친구들과 제대로 어울리고 인성을 잘 다스릴 수 있게 살피는 훈육자가

되며, 청소년기가 되어 부모에게서 독립할 준비를 할 때면 자녀를 응원해주는 격려자, 상담자가 되어야 한다. 그리고 성인이 되어 독립을 하게되면 동반자, 이른바 친구가 되어주어야 한다.

모든 부모들은 아이를 사랑한다. 하지만 아이가 부모를 사랑하는 만큼 부모가 아이를 사랑하는 경우는 없다. 아이는 무조건적으로 부모를 사랑한다. 엄마라서, 아빠라서, 이모라서, 할머니라서 사랑할 뿐이다. 그런데 부모들은 아이들만큼 순수한 사랑을 하지 않는다. 부모들의 사랑에는 욕심이 섞여 있다. 그 욕심 때문에 아이를 과보호한다.

앞서 살펴본 성장발달 과정을 보면 아기가 걷고 친구를 찾으면 스스로 자신의 영역을 넓혀갈 수 있게 한계 안에서 자유를 주라는 설명이 있다. 그런데 우리나라 부모들은 아이가 혹여 다칠까, 성적이 떨어질까, 나쁜 길로 빠질까 전전긍긍하며 아이의 모든 행동에 제약을 건다. 그렇게 서서히 망가진 아이는 청소년기가 되면 아무것도 혼자 할 수 없는 아이가 되어 폭풍 같은 사춘기를 맞는다.

반면에 잘못된 육아 상식으로 아직 보호가 필요한 유아에게 지나치게 많은 결정권을 주어 아이를 혼란스럽게 만드는 경우도 있다. 엄마가 적당히 한계를 그어줘야 하는데 아이에게 너무 많은 선택을 하게 만들어 방치되고 있다는 느낌을 주는 것이다. 그렇게 되면 아이는 불안하게 되고 자신감을 잃기 쉬우며 외부의 기대에 부응하기 위해 전전긍긍하게 된다. 올바른 부모라면 내 아이가 건강한 사회인이 되어 스스로 생활할 수 있도록 마음의 지평을 다져주고 응원해야 한다.

이처럼 엄마 노릇은 결코 쉬운 일이 아니다. 아이에게 화를 내도 안 되고, 과잉보호를 해도 안 되며, 자유를 많이 주어 방치되게 만들어도 안 된다. 엄마들로서는 안 되는 게 너무 많아서 헷갈릴 수 있다.

하지만 모든 문제에는 해결책이 있다. 아이가 아직 어려서 내 말을 알아듣지 못하더라도 아이와 자주, 그리고 깊게 대화를 나누면 된다. 유럽에서는 아이가 잠자리에 들기 전에 다만 10분이라도 눈을 마주보며 오늘 어떤 일이 있었는지, 기분은 어땠는지, 내일 무엇을 하고 싶은지 대화를 나눈다. 엄마는 빨래를 개고 아빠는 신문을 보며 건성으로 대화를 하는 것이 아니라 아이와 정식으로 앉아 도란도란 대화를 나누는 것이다. 이를 통해 부모는 자신이 놓치고 있는 부분을 깨닫고 아이에게 필요한 것을 챙겨줄 수 있게 된다.

아이의 발달 단계에 따라 부모의 역할은 분명하게 정해져 있다. 그리고 앞서 말했듯 그 기저에는 '사랑'과 '배려'라는 것이 깔려 있다. 무조건 잘하려는, 무조건 아이를 보호하려는 욕심을 버리고 아이의 연령에 맞는 올바른 사랑을 전달한다면 내 아이가 내게 돌려주는 폭발적인 사랑을 경험할 수 있을 것이다. 아이에게 충분한 신뢰와 사랑을 받는 것이 부모로서 가장 행복한 일이 아닐까?

행복한 아이는
행복한 부모에게서 나온다

OECD 국가 중에 북유럽 국가들이 행복지수 상위를 차지했다는 기사를 접했다. 정말 부러운 일이 아닐 수 없다. 우리나라는 인터넷 보급률과 더불어 자살률이 세계 최고를 달리고 꽃 같은 청소년들이 세상을 저버리는 안타까운 일이 비일비재한데 말이다.

누구보다 열심히 살고 그 어떤 민족보다 열정적인 한국 사람들이 행복과는 거리가 먼 것이 안타깝기만 하다. 더 큰 문제는 행복하지 않은 삶을 우리 아이들에게도 물려주고 있다는 것에 있다.

유럽하면 떠오르는 평화로운 그림이 있다. 아름다운 숲길을 엄마와 아빠가 유모차를 끌고 한가롭게 산책하는 그림 말이다. 우리에게는 그런 현실이 너무 멀게만 느껴진다. 일단 숲길이 별로 없다. 그렇게 큰 유모차 또한 없으며, 함께 산책할 아빠는 회사에서 야근중이다. 엄마 혼자 해보려 해도 그럴 상황 자체가 만들어지지 않는다. 맞벌이하는 엄마는 아이 세수 시키고 저녁 챙겨주는 것만으로도 벅차서 어떤 교육적 환경을 만들 틈이 없다. 그렇다면 우리는 좋은 부모, 행복한 부모가 되는 것을 이대로 포기해야만 하는 것일까?

요즘 젊은 엄마들은 이런 이야기를 자주 한다.

"육아가 저랑 안 맞아요. 차라리 회사 다니면서 밤새 일하라고 하면 잘할 수 있어요. 그런데 아이랑 둘이 있는 시간은 답답해서 미칠 것 같

아요. 더 화가 나는 건 이 모든 걸 저 혼자 해야 한다는 거예요. 신랑은 나 몰라라 하고 관심도 없어요. 이럴 거면 결혼은 왜 했는지 모르겠어요. 다른 엄마들은 유기농이다 뭐다 애들 먹는 건 최고로 해주는데 전 계란 하나 부쳐서 밥 먹이는 것도 시간이 없어서 못해줘요. 전 엄마 자격이 없는 걸까요?"

엄마들이 쉽게 착각하는 게 한 가지 있다. 엄마 자격은 누구에게 주거나 받는 것이 아니다. 엄마는 아이와 함께 성장하면서 자격을 갖추어 가는 것이다. 사실, 좋은 엄마라는 것은 애초에 존재하지도 않는다. 상황에 따라, 사람에 따라 다르기 때문이다.

내가 요리를 못하는 엄마라고 치자. 아이에게 맛있는 음식을 많이 만들어주지 못한다고 해서 죄책감을 가질 필요는 없다. 중요한 것은 맛있는 음식이 아니라 엄마가 정성을 들여 음식을 만들어 준다는 것에 있다. 설령 시간이 없어서 음식을 못 만든다면 인터넷 쇼핑몰에서 이유식이나 반찬을 사서라도 아이에게 먹이면 된다. 일단은 아이에게 제때 식사를 제공하는 것에 만족하면 된다. 매일 정크 푸드만 먹이는 것이 아니라면 크게 문제될 것도 없다.

내가 너무 시간이 없어 아이와 많이 놀아주지 못하는 엄마라고 치자. 맞벌이 하느라 바빠서 평소에 아이와 시간을 못 보낸다면 주말에 단 한 시간이라도 집중해서 부모의 포근함을 충분히 느낄 수 있도록 시간을 보내면 된다.

'나는 과연 좋은 엄마일까?' 하는 죄책감에서 벗어나는 것. 아이와 짧은 시간이라도 밀도 있게 보내주는 것. 그것이 행복한 엄마, 바람직한 엄마의 첫걸음이다. 아이들은 우리가 생각하는 것보다 관찰력이 있고 눈치가 빠르기 때문에 웃음과 사랑이 담긴 엄마의 모습, 노력하는 모습에서 안도감과 행복감을 느낀다.

그렇다면 행복한 엄마가 되는 두 번째 발걸음에는 무엇이 있을까? 그것은 자신의 마음을 살피는 것이다. 강의에 오는 엄마들과 깊은 이야기를 나누다 보면 자신이 가장 싫어했던 친정어머니의 모습이 자기도 모르게 튀어나와 아이에게 상처를 준다며 눈물을 보이는 경우가 있다. 어린시절에 어머니로부터 받았던 상처들이 마음속 깊이 남아 있다가 아이에게 무의식적으로 나타나는 것이다. 그럴 때면 엄마들은 또 다시 깊은 상처를 입는다. 우리 엄마 같은 엄마는 절대 안 되려고 했는데 똑같이 되고 말았다고 자책하며 말이다.

어릴 때의 마음의 상처에서 벗어나는 것은 시간이 걸리고 힘이 드는 일이다. 하지만 아이를 위해, 무엇보다 엄마를 위해 꼭 필요한 일이다. 어렵더라도 내 안에 숨어 있는 상처 받은 어린아이와 직면해서 그 아이를 위로해야 한다. 내게 상처 주었던 말들을 종이에 써서 찢어버리며 이별하는 의식 등을 치르는 것이 도움이 될 것이다.

무심결에 아이에게 상처를 주는 말이 튀어나오려고 할 때는 심호흡을 세 번 정도 억지로라도 하면서 감정을 조절하는 훈련을 해야 한다. 이렇게 숨고르기를 하면 훨씬 편안하게 하고 싶은 이야기를 전달할 수 있다.

행복한 엄마가 되기 위한 마지막 발걸음에는 사랑하는 남편이 동행해야 한다. 사실 우리나라 아빠들도 엄마만큼 아빠 노릇하기가 힘들다. 유럽은 오후 5시만 되면 퇴근하지만 우리나라 아빠들은 6시는커녕 야근이며 주말 근무도 예사다. 게다가 회식이라도 있으면 끝까지 자리를 지켜야 한다. 아빠들의 입장에서는 어쩌다 쉬는 주말만이라도 푹 쉬고 싶은 게 솔직한 심정일 것이다.

하지만 아내들은 책이며 방송을 보고 와서 "요즘 아빠들은 주말이면 애 데리고 캠핑도 가고 평소에는 밥도 잘 해준다더라. 당신은 뭐하고 있어?" 하며 채근을 한다. 그러다 보니 집에는 들어오기 싫고 육아에서도 멀어져 간다.

이렇게 자기만 알고 가정에는 도통 관심이 없는 남편들이 정말로 냉정하고 책임감 없는 사람일까? 그렇지 않다. 아빠도 분명 가정을 지키고 이끌어나가기 위해 나름대로 노력하고 있다. 다만 그 방법을 자신들의 아버지들로부터 교육받지 못했을 뿐이다. 가장 큰 문제는 아내가 남편 구실, 아빠 노릇할 기회를 주지 않고 밖으로 돌게 하는 데 있다.

물론 엄마들도 처음부터 아빠들을 밖으로 내몰지는 않았을 것이다. 처음에는 시간이 없으려니 이해를 하다가 점점 화가 나게 되고 결국에는 포기를 하게 됐을 것이다. 이때부터 엄마들의 관심은 오로지 아이에게 집중된다. 아빠는 그저 돈 벌어오는 사람, 집에 있으면 불편한 사람, 화나고 짜증나는 존재가 된다. 이렇게 되면 아빠가 가정에서 설 자리는 없어지고 아이들과의 관계는 완전히 끊어지고 만다.

맞벌이 부부의 일상을 한 번 들여다보자. 남편과 아내 둘 다 직장에서 파김치가 되어 돌아온다. 아내도 남편만큼 힘들지만 유치원에서 아이를 데리고 오는 것은 아내의 몫이다. 아내가 저녁 준비를 하기 위해 남편에게 아이를 좀 봐달라고 하지만, 남편은 소파에 드러누워 건성으로 대답한다. 아이는 엄마 아빠가 반가워서 놀아달라고 보채지만 엄마는 저녁 준비하느라, 아빠는 야구 중계를 보느라 놀아주지를 않는다. 보다 못한 아내가 소파에서 빈둥거리는 남편에게 소리를 지른다.

"당신은 애가 놀아달라고 하는 게 안 보여? 둘 다 똑같이 사회생활 하는데 왜 나만 집안일을 해야 돼? 애는 나 혼자 낳았어?"

"그러니까 시켜 먹자고 했잖아!"

"만날 시켜 먹을 돈이 어디 있어? 우리 형편에 한 푼이라도 아껴야지!"

이렇게 저녁은 엉망이 되고 만다. 뒤늦게 남편이 화해를 청해 오지만 아내는 눈도 깜박이지 않는다. 밤이 깊어지자 아내는 굳은 표정으로 아이와 함께 잠자리에 든다. 남편은 홀로 거실에 남아 텔레비전 채널을 이리저리 돌리다가 소파에서 잠이 든다.

누가 봐도 싸움의 원인을 제공한 사람은 남편이다. 부부라면 마땅히 아이를 함께 돌봐야 한다. 하지만 아내의 대응 역시 잘한 일일까? 남편이 화해를 청해왔을 때, "앞으로는 힘들더라도 아이에게 좀 더 관심을 가졌으면 좋겠어. 당신이 힘들다는 거 알아. 그렇지만 이 시간은 우리에게 다시 안 올 소중한 시간이잖아. 나중에는 우리가 함께 있고 싶어도 애가 멀어질 거야. 지금, 사랑을 많이 나누자. 그리고 나도 소리 질러서 미안해."라고 대답했으면 어땠을까. 물론 이렇게 대답한다고 해서 남편의 태도가 당장 나아진다고 할 수는 없겠지만 앞으로 노력하는 모습을 보여주지 않을까?

남편 대신 아이와 잠을 자는 것도 그렇다. 아이를 가운데에 두고 남편과 같이 잠을 자든지, 아이 혼자 재우든지 해야 한다. 그래야 가정에서 아빠가 설 자리가 생기는 것이다.

오늘날의 아빠들도 엄마들처럼 힘들게 살아간다. 좋은 아빠가 되는 훈련도 받은 적이 없기 때문에 아빠 역할이 서툴 수밖에 없다. 그러므로 엄마가 아이와 깊게 공감하는 대화를 나누듯 남편과도 공감하는 대화를 나누어야 한다. 이런 과정을 통해 아빠의 자리를 회복하고 엄마도 더욱 현명해져야 한다. 그렇게 되면 부부의 육아는 힘들고 짜증나는 일이 아닌 행복한 일로 변하게 되고 부부의 사랑도 더욱 깊어질 것이다.

아무리 좋은 교육 방법이 있더라도 부모가 사이가 나쁘다면 그 가정에 행복이 찾아오기란 쉽지 않다. 아이는 아무리 어리더라도 부모의 눈빛, 말투에서 불안한 기운을 감지하는 능력이 있다. 엄마와 아빠가 서로 큰소리를 내면 아이는 '혹시 내가 잘못해서 싸우는 것은 아닐까?'라고 생각하며 그 상황을 개선시키기 위해 착하게 행동하려고 애쓰고 행동이 위축 된다. 이런 경우를 '착한 아이 콤플렉스'라고 한다. '착한 아이 콤플렉스'가 있는 아이는 말하고 싶은 것이 있어도 참고 오로지 평화를 위해서 주변에 순응하는 수동적인 아이가 되고 만다.

　행복한 부모가 행복한 아이를 길러낸다는 것은 어찌 보면 당연한 말이다. 그런데 그 당연함을 실천한다는 것이 쉽지 않다. 행복한 부모가 되려면 우선 단단한 마음을 가져야 하고, 부부의 공동 노력이 필요하며, 일관된 육아 원칙을 가져야 한다. 이 모든 것을 다 갖추는 것은 어쩌면 불가능한 일일 수도 있다. 그렇다고 조급해할 필요는 없다. 천천히, 꾸준히 노력하는 모습을 아이에게 보여주면 된다. 이런 부모의 모습을 보고 자란 아이는 유럽의 아이들 못지 않게 행복한 아이로 자라날 것이다. 그리고 나중에 부모가 되어서도 자신의 아이들을 행복하게 기를 것이다.

2부

경쟁을 넘어
미래를 걷는
유럽 교육 현장

꿈 : 꽃집 주인과 대학 교수, 똑같이 가치 있는 일입니다

돌봄 : 아이와 엄마는 즐거운 돌봄을 받을 권리가 있다

놀이 : 유럽 유치원을 돌아보며 희망과 긍정을 발견하다

선택 : 엄격한 서유럽 엄마, 그리고 너그러운 북유럽 엄마

주도성 : 북유럽 초등학교, 차별 없고 탄력 있는 교육

개성 : 창의력과 개성이 쑥쑥 자라는 북유럽의 방과 후 학교

적기교육 : 스스로 공부의 왕도를 걷는 북유럽 아이들

책임감 : 스스로 선택을 하고 자란 아이는 스스로를 책임집니다

협력 : 우리 아이들은 모두가 함께 기릅니다

유아 교육의 메카라는 유럽의 유치원을 탐방하며 느낀 것은

생각보다 '특별한 것이 없다'는 것이었다.

별다른 장식이나 기구 없이 깔끔한 탁자와 의자 몇 개,

그리고 낮잠을 잘 수 있는,

마당에 미끄럼틀과 흙무더기뿐이었다.

그런데도 유럽 아이들은 그곳에서 모두가

부러워하는 최고의 교육을 받고 있었다.

어떻게 그럴 수 있을까?

꽃집 주인과 대학 교수, 똑같이 가치 있는 일입니다

한 방송에서 유럽 청소년들에게 장래희망을 묻는 인터뷰를 했다. 그러자 '꽃집 주인' '동화책 삽화가' '작가' 등의 대답을 했다. 그리고 꿈을 이루기 위해 꼭 대학에 갈 필요는 없으며 지금의 학교 공부가 장래에 도움이 된다고도 대답했다.

이 인터뷰를 보며 우리 아이들도 저렇게 솔직하고 당당하게 꿈을 꾸고 말할 수 있을까 하는 생각이 들었다. 그리고 아이들이 저런 말을 했을 때 과연 우리나라 부모들은 흔쾌히 그 꿈을 응원하며 지지해줄 수 있을까도 생각해 보았다. 아마도 '그래, 정말 멋지구나! 엄마도 네가 꿈을 이룰 수 있도록 지켜볼게. 엄마가 도와줄 수 있는 게 있으면 꼭 말하렴.' 이라고 하는 부모는 드물 것이다. 이보다는 '아이고, 그렇게 꿈이 작니?'

'얼마나 힘든데!'라며 아이의 꿈을 무시하거나, '작가는 돈을 못 벌어', '화가 그거 있잖아. 보기는 좋지만 3D 직업이야'라고 슬며시 불만을 표시하는 부모가 많을 것이다.

유럽 청소년들이 이렇게 주변의 시선을 의식하지 않고 자기가 진짜 좋아하는 일을 꿈꾸고 그 꿈에 다가가려고 노력을 하는 데에는 사회적인 분위기도 한몫을 한다. 유럽은 직업의 귀천을 따지지 않는다. 수입 역시 많이 버는 사람은 세금을 많이 내고 적게 버는 사람은 적게 내기 때문에 실질 소득에서 큰 차이를 보이지 않는다. 그리고 일반 직장인보다는 기술자가 더 존경을 받는다. 이런 사회적 환경 덕분에 아이들은 사회적으로 출세하는 것보다는 개인의 행복을 실현하는 데 더 큰 의미를 둔다. 아이들의 교육에 온 가족이 매달리는 우리나라와는 사뭇 다른 모습이다.

유럽 중에서도 특히 북유럽은 평등한 사회 분위기 덕에 모든 직업이 존중을 받는다. 꽃집 주인도 대학 교수도 똑같이 가치가 있으며 그중에서도 전문적인 기술, 예를 들어 보일러 수리공 같은 사람이 더욱 대접을 받는다. 여기에는 오래된 역사적 배경이 있다. 노르웨이, 덴마크, 핀란드, 스웨덴 등은 오랜 기간 서로 전쟁을 치러왔다. 핀란드는 그 과정에서 러시아의 식민지로 지내기도 했으며, 1900년대에는 심각한 경제 불황도 겪었다. 덴마크는 바이킹 시대에 영국까지 다스렸지만 스웨덴과의 전쟁에서 영토가 축소되어 지금은 우리나라의 5분의 1 정도의 크기이다.

잦은 전쟁과 식민지 시대, 그리고 영토 축소 등을 겪으면서 북유럽의 나라들은 겉으로 보이는 것이 아닌 내실을 다지는 것을 중요하게 여기게 됐다. 그러니까, 겸손과 실용을 바탕으로 실속을 챙기는 지혜를 얻게 된 것이다.

독일과 영국, 프랑스 등의 서유럽에서는 아주 오래전부터 장인들이 존경을 받아왔다. 예술가들 또한 마찬가지였다. 이런 전통 아래에서 개개인의 개성을 존중하게 됐고, 남과 비교하는 것보다는 자신의 내면과 행복에 더욱 집중하게 됐다.

프랑스 말 중에 '똘레랑스(tolérance)'라는 말이 있다. 흔히 '관용'이라고 번역되는데 이는 나와 네가 다름을 인정한다는 뜻이다. 내가 잘하는 것, 좋아하는 것이 분명하고 남과 같을 수 없기 때문에 남이 무엇을 하든 상관하지 않고 간섭 또한 하지 않는다는 것이다. 그래서 프랑스에서는 겉으로 보이는 것보다 자신이 잘하고 좋아하는 것을 선택하는 것을 존중한다.

그런데 우리나라는 어떨까? 북유럽의 여러 나라와 마찬가지로 식민지 시대와 6.25 등 큰 전쟁을 치렀다. 그리고 이 과정에서 국토가 반으로 쪼개지는 아픔을 겪었다. 최근에는 IMF 사태를 겪으며 경제적으로 큰 어려움에 빠지기도 했다.

다행히 우리는 이러한 위기들을 빠르게 극복해냈다. 그 과정을 통해 회복력이 강한 민족이라는 자긍심을 얻었다. 반면에 성공에 대한 과도한 집착, 승자독식의 폐해도 같이 얻었다. 문제는 이렇게 좋지 않은 유산을 아이들에게도 물려주고 있다는 것이다. 우리나라 엄마들은 대한민국에서 살아남으려면 무조건 일등이 돼야 한다는 강박관념에 사로잡혀 있다.

그런데 잠깐 멈추어서 생각을 해보자. 어느 부모나 아이들을 리더로, 일등으로 키우려고 하지만 일등이나 리더 자리는 하나뿐이다. 학교에서 어떤 조직의 우두머리를 차지하는 것은 한 사람뿐이다. 나머지는 그 조직을 구성하는 구성원이 된다. 조직이 잘 굴러가기 위해서는 우두머리의 역할도 중요하겠지만 구성원들이 각자의 자리에서 제 역할을 해 내는 것이 더 중요하다.

사실, 엄마들이 그토록 바라는 리더는 무척 외로운 자리다. 리더, 일등은 그 자리를 차지했을 때만 잠시 기쁨을 느낄 뿐 그 자리를 유지해야 한다는 부담을 안고 삶을 살아야 한다. 그리고 주변의 눈을 의식해 자신의 감정을 솔직히 드러내지도 못한다.

리더의 자질을 갖고 태어나 어떤 목표를 세우는 것에 기쁨을 느끼는 아이, 리더가 세운 목표에 맞춰 계획을 짜는 것에 탁월한 능력을 갖춘 아이, 그리고 그 계획을 실행하는 것에 즐거움을 느끼는 아이 등등 아이들은 모두 각자 타고난 기질과 성향이 있다. 그런데 이런 것을 무시하고 무조건 리더가 되라고 강요하는 것은 맞지 않는 옷을 억지로 입히려는 것과 같다. 부모의 강요에 의해 미래를 설계해야만 하는 아이는 삶의 주도성을 잃어버리게 된다. 이런 아이들이 공부에 흥미를 느낄 리가 없다. 그저 공부를 안 하면 엄마가 화를 내니까, 엄마가 나를 싫어할까

봐 억지로 공부를 한다.

유럽의 아이들은 소박하더라도 자신의 꿈을 스스로 찾고 부모로부터 지지를 받기 때문에 누가 시키지 않아도 자신의 미래를 개척하기 위해 자발적으로 책상에 앉는다. 그리고 목표가 뚜렷하기 때문에 열심히 한다. 오래 공부해도 지치지 않는 체력 또한 갖추고 있다.

유럽의 아이들은 내가 공부를 하는 것은 부모나 선생님의 의지와는 상관없다고 생각한다. 유럽의 교사들은 아이들에게 지식을 주입하려고 하기보다는 배움 자체를 격려하고 개개인의 능력에 맞는 도움을 준다.

그렇다면 이런 정신, 목표, 체력은 어떻게 갖출 수 있는 것일까? 그것은 어릴 때부터 아이를 존중하고 인정하는 교육이 바탕이 돼야 한다. 이러한 교육은 영아 시기부터 시작되어 자아가 생성되는 유치원에서 체계적으로 실시돼야 한다. 그럼 이제부터 영아 시기의 교육과 유치원 교육에 대해 본격적으로 알아보도록 하자.

여기서 잠깐, 유럽의 유치원을 탐방하기 전에 한 가지 짚고 넘어갈 부분이 있다. 유럽의 교육 제도를 알고 배우는 것도 좋지만, 먼저 내 아이의 특성을 알고 아이의 꿈을 존중해주는 부모의 배려와 사랑이 더 중요하다는 것이다. 일등만을 강요하지 않고, 아이가 꽃집을 하거나 만화가가 되겠다고 했을 때도 흔쾌히 그 꿈을 지지하고 응원하는 부모가 되어야 한다는 것이다. 이것이 선행될 때 좋은 교육이 빛을 발한다는 것을 우리는 명심해야 한다.

Q. 초등 3학년 우리 아이는 꿈이 없는 것 같아요.
하고 싶은 일도 없고 매일 딱지치기만 하려고 합니다.

A. 아이가 꾸는 꿈이라면 아무리 작은 것이라도 지지해 주고 싶은 것이 부모의 마음입니다. 그런데 막상 우리 아이가 아무 꿈도 없고 매일 놀려고만 한다면 답답하고 한심하게 느껴질 수도 있어요. 유치원에 다닐 때야 어려서 그렇다고 생각하지만 초등학교에 들어가서도 그런다면 걱정이 되는 것이지요. 하지만 잠시 생각해보면 아이들 꿈이라는 것은 시시때때로 변화하고 뒤늦게 생기기도 한다는 걸 알 수 있어요.

유치원 아이들에게 꿈이 무엇이냐고 물으면 '난 풍선이 되어 하늘을 날고 싶어요.'라고 말하거나 공룡, 신데렐라, 로봇이 되는 것이 꿈이라고 이야기합니다. 그것은 그 나이 아이들에게 진심으로 멋져 보이는 것들이지요. 이런 아이들이 초등학교에 가면 가수, 과학자를 꿈꾸고 고등학교에 가서는 조금 더 구체적이고 자신의 적성에 맞는 것을 찾아가게 됩니다.

아이가 되려는 것이 없고 딱지치기만 하려고 한다면 아직 아이는 진심으로 멋진 것을 발견하지 못한 거예요. 그럴 때는 실컷 딱지치기를 하도록 해주면서 여행이나 놀이 등을 통해 여러 가지 경험을 하게 해주시면 됩니다. 아이가 딱지보다 더 멋지고 흥미 있는 것을 발견하면 저절로 그 꿈을 향해 달려가게 될 것이니까요.

만약 아이를 기다려주지 않고 엄마 뜻대로 꿈을 찾아주려고 한다면 아이는 그 반발심으로 공부에 흥미를 잃거나 자기 자신에게 집중하는 데 실패하게 됩니다. 지금 현재 아이가 꿈을 꾸지 않는다면 더 많은 견문을 넓힐 수 있도록 돕는 것이 필요해요.

더욱 중요하게 생각해야 할 것은 아이가 꿈을 찾을 수 있는 기회를 부모가 빼앗은 것은 아닐까 짚어보는 것입니다. 이런 말을 하면 도대체 무슨 말이냐고 반문할지도 모릅니다. 그런데 요즘 아이들은 풍족함 속에서 자라다 보니 간절하게 내가 하고 싶은 '꿈'을 찾을 기회를 만나지 못하는 경우가 많습니다.

요즘 엄마들은 자신의 아이들에게 가장 최상의 것, 최선의 것을 해주려고 노력합니다. 자신이 자라면서 해보지 못했던 것을 아이에게 만큼은 모두 해주고 싶은 것이지요. 그러다 보니 아이들은 스스로 선택할 수 있는 기회를 가지지 못하게 됩니다. 스스로 선택하는 과정에서 시행착오를 겪어봐야 좋고 나쁨을 판단하는 능력을 기를 수 있을 텐데 말이죠.

예를 들어 마트의 장난감 코너에 가서 "정우야, 어떤 장난감이 좋을까? 정우가 좋은 거 하나 골라볼까?"라고 말하면 많은 아이들이 "엄마가 골라주세요"라고 대답합니다. 자신이 가지고 싶은 것을 골라도 엄마가 "아니야! 그거보다 이게 더 좋은 거야"라고 말할 게 뻔하기 때문입니다. 이처럼 아이들은 모든 선택을 엄마에게 미루고 꿈조차도 엄마가 정해주는 것을 따라 가게 됩니다.

아이들은 시행착오를 통해서 '다른 점이 이런 것이구나.', '이런 것은 좋은 것이구나.', 또는 '나쁜 것이구나.'를 알아가고 그것이 삶의 지혜로 자라나게 됩니다. 하지만 엄마와 아빠의 적극적인 개입으로 시행착오를 겪지 못하게 되면 판단 능력의 부재라는 장벽에 부딪치게 되지요. 엄마는 시행착오를 최소한으로 줄여서 우리 아이가 빨리 성공의 길로 가길 원했을지 모르지만 바로 그것이 아이에게서 지혜와 꿈을 앗아가는 길이라는 알아야 합니다.

부족함과 결핍에서 오는 갈망은 꿈을 키우는 좋은 영양분입니다. 내가 어떤 것을 하고 싶은데 그것이 부족할 때, 사람은 욕구를 가지게 되고 그것은 노력으로 이어지지요. 하지만 무엇이든 부족함 없이 다 갖춰진 시스템 안에서는 나태해지고 무기력해집니다.

내 아이가 진정 멋진 꿈을 꾸길 바란다면 아이에게 뭐든지 다 해주기보다는 조금은 부족하게 불편하게, 만드는 지혜가 필요합니다. 그 안에서 아이는 결핍에서 오는 갈증을 느껴 무언가를 이루고 싶고 갖고 싶은 마음을 키우게 됩니다. 따라서 작은 것이라도 아이에게 스스로 선택하게 하고 책임을 지게 하는 것이 필요합니다. 그래야 아이가 스스로 할 수 있다는 자신감을 가질 수 있게 됩니다. 뿐만 아니라 실패를 했을 때 오뚝이처럼 일어설 수 있는 회복탄력성도 갖게 됩니다.

아이와 엄마는 즐거운 돌봄을 받을 권리가 있다

이가 갓 태어났을 때는 이 세상 어느 부모나 해야 할 일이 똑같다. 울음소리를 잘 살펴서 배가 고파하면 젖을 주고, 배변을 하면 기저귀를 갈아주고, 졸리면 재우는 것이다. 아기 역시 해야 할 일은 모두 같다. 잘 먹고 잘 자는 것이 할 일의 전부이자 의무이다.

아기가 성장하면서 여기에 하나가 더 추가되는데 그것은 잘 '노는 것'이다. 아기가 엄마와 눈을 맞추는 것도 손가락을 꼼지락거리는 것도 주변을 살피는 것도 모두 놀이이다. 그리고 걷고 기게 되면서 여러 가지를 만지고 느끼는 것도 중요한 학습이자 놀이이다.

유럽 가정에서는 아기들이 잘 먹고 잘 자고 잘 놀 수 있게 하는 것이 육아의 목표이다. 어찌 보면 당연한 일이라고 여겨지지만 아이가 잘 놀 수 있게 배려하는 것이 그렇게 쉬운 일은 아니다. 아기가 사물을 인지하고 호기심을 보이기 시작하면 과도하게 책을 읽어주고 영어 시디를 틀어주는 등 무엇이든 가르치고 싶어 하기 때문이다.

북유럽 사회의 영아 케어

북유럽에서는 대부분 엄마의 육아휴직이 1년에서 3년까지 탄력적으로 적용된다. 그리고 육아휴직 기간 동안 급여의 70% 정도를 지급받게 되어 있다. 그래서 돈 걱정 없이 아이와 함께할 수 있다. 아빠의 육아휴직도 법적으로 보장되어 의무적으로 사용하도록 되어 있다. 만약 아빠가 공인된 휴직을 사용하지 않으면 엄마의 휴직 기간이 짧아지는 등의 불이익을 받는다. 덴마크는 산모의 산전 6주 전부터 산후 1년간을 휴직할 수 있다. 스웨덴은 1년 반의 육아휴직이 있으며 핀란드는 1년에서 3년까지의 휴가를 엄마의 선택에 따라 쓸 수 있다.

북유럽 엄마들은 공평하게 지급되는 육아휴직 기간 동안 부담 없이 아이와 함께할 수 있다. 그래서 출산율도 우리나라에 비해 비교적 높은 편이며 집중적으로 엄마의 손길이 필요한 영아 시기에 다른 사람에게 맡겨야 하는 불편한 일도 거의 없다.

영아 시기에 북유럽 엄마들은 아이와 자신을 위해 매일매일 놓치지 않고 하는 것이 있다. 바로 '산책'이다. 아이에게는 집에만 있는 것보다

밖으로 돌아다니는 것이 훨씬 좋다. 밖을 열심히 돌아다니면 잠을 잘 자게 된다. 그리고 길을 오가는 사람들, 가로수 등을 보면서 호기심을 채울 수도 있다.

그래서 북유럽 엄마들은 아이를 위해 하루에 30분에서 1시간 정도 유모차에 태우고 산책을 한다. 북유럽의 유모차가 유난히 튼튼하고 바퀴가 큰 것은 이렇게 바깥 활동이 많기 때문이다. 바깥 활동은 영아기부터 유년기까지 변함없이 이루어지는데 산책은 엄마를 위해서도 필요하다. 답답한 집을 떠나 다른 엄마들과 교류를 나눌 수도 있고 걷는 것을 통해 육아로 발생하는 스트레스도 줄일 수 있다. 그리고 길을 오가며 보이는 이런저런 풍경 등을 소재로 아이에게 이야기도 들려줄 수 있다.

산책 이외에도 지역에서 운영되는 아기 놀이 센터에 다니며 아이들이 좋아할 만한 놀이를 전문가에게 배우기도 한다. 독특한 것은 놀이 센터에서 아빠들의 모습을 심심찮게 볼 수 있다는 것이다. 앞서 말했듯 아빠의 육아휴직이 의무이기 때문에 아빠가 아기를 데리고 와서 몸을 부대끼며 노는 것이 자연스럽게 이루어지는 것이다. 아기 때부터 아빠와 함께한 아이들은 부모에 대한 정서 함양이 높고 아빠도 육아를 자연스럽게 받아들이게 된다.

아이가 돌이 되어 엄마가 직장에 복귀를 해야 하면 나라에서 운영하는 탁아소나 개인 보모에게 아이를 맡긴다. 우리나라의 '어린이집'과 비슷한 것이라 생각하면 된다. 탁아소는 대부분 국가가 관리하고 운영하기 때문에 선생님들의 수준이 높은 편이고 비용 또한 저렴하다. 이용료는 부모의 소득에 따라 차등 부과된다. 나라가 비용의 절반 정도를 부담해주기 때문에 그리 큰 부담은 아니다.

집 주변에서 적당한 탁아소를 찾지 못했을 경우에는 개인 보모에게 아이를 맡긴다. 보모들은 나라에서 규정한 심사를 통과해야 일을 할 수 있다. 보모들에게는 일정 시간 동안 아이들을 산책시킬 것, 다른 보모들을 만나 서로 정보를 나눌 것, 아이들을 돌보며 어려운 점이 생길 때를 대비해 정기적인 정신 케어를 받을 것 등이 의무화되어 있다.

보모들의 월급은 구청에서 지급하기 때문에 엄마가 직접 보모에게 비용을 지불하며 생길 수 있는 일종의 '갑을 관계'가 생성되지 않는다.

또한 탁아소는 아이 3명당 선생님이 1명 정도의 비율로 운영되어 선생님이 아이들에게 집중할 수 있다. 그리고 엄마들은 대부분 오후 4시~5시 사이에 직장에서 퇴근을 하기 때문에 아이와 함께 충분한 저녁 시간을 보낼 수 있다.

이렇게 체계적이고 어찌 보면 부러운 영아 시기의 돌봄은 3살까지 계속된다. 아이가 집중적인 돌봄을 떠나 친구를 사귀고 보다 활동적인 놀이가 필요한 3세가 되면 유치원 생활이 시작된다.

아이가 유치원에 들어가기 전까지는, 심지어 유치원에 들어간 후에도 특별한 교육은 시키지 않는다. 아이가 3세 될 때까지 해야 할 일은 잘 먹고 잘 자고 잘 노는 것이라고 여기기 때문이다. 그래서 탁아소에서도 개인 보모도 아이에게 어떤 것을 가르치기보다는 손과 발을 통해 많은 것을 만지고 느끼고 밟아보게 하는 것에 집중한다. 이것은 아이가 그 시기에 해야 할 가장 중요한 일이기도 하다.

서유럽 사회의 영아 케어

영국은 맞벌이 부부의 경우 아이를 맡기는 데 드는 비용이 엄청나서 고민을 많이 해야 한다. 베이비시터는 영국 근처의 폴란드나 루마니아 출신들이 많다. 영국 출신의 베이비시터보다는 비용이 적게 들지만, 그래도 한 달에 210만 원 정도를 지불해야 하기 때문에 부담이 크다. 그래서 집에서 아이를 보면서 틈틈이 일을 할 수 있는 홈 오피스 제도가 활성화되어 있다. 이곳 부모들은 6시가 되기 전에 퇴근을 해서 집으로 돌아온다. 이렇게 일찍 돌아오는 이유는 아이들은 일찍 자야 성장에 좋다는 생각 하에 7시에서 8시에 잠자리에 들게 하기 때문이다.

독일은 우리보다 먼저 출산율 저하를 겪었기 때문에 아동복지와 부모들을 위한 지원을 일찍부터 시작했다. 그 결과 시간이 지날수록 자녀를 낳는 부부들이 늘어나면서 지금은 저출산 문제가 상당 부분 해소된 상태다.

독일은 정상적으로 세금을 납부한 부모에게 2010년 기준으로 첫째와 둘째에게는 184유로, 셋째는 190유로, 넷째와 다섯째는 215유로를 자녀 수당으로 매달 지급한다. 이 지원금은 부유층과 빈곤층에 상관없이 평등하게 지급되며 만 18세까지 이어진다. 그리고 자녀가 대학과정이나 직업교육을 받고 있으면 최장 25세까지 지원한다. 또한 장애아인 경우는 연령에 상관없이 지급을 한다.

아이를 양육하기 위해 휴직을 하는 부모에게도 수당이 주어진다. 출산 전부터 시작해서 최장 14개월까지 마지막 달 실수령액의 65~100%까지 수당을 받을 수 있다. 이를 제대로 받기 위해서는 부부 한쪽이 적어도 2개월 이상 휴직해야 한다. 만약 휴직기간 동안 주 30시간 이상의 일을 하게 되면 수당을 받을 수 없다. 이런 혜택 덕분에 독일의 아빠들은 적극적으로 육아휴직을 쓴다.

이처럼 독일은 자녀를 낳게 되면 그 자녀가 성인이 되어 자신의 직업을 찾을 때까지 경제적 지원을 해 준다. 그리고 육아로 경력이 잠시 멈추게 되면 국가가 금전적 보상을 해준다. 이런 제도에 힘입어 독일에서는 다자녀 가구가 점점 늘어나고 있다.

우리나라의 경우도 다양한 아동복지가 이루어지고 있지만 유럽에 비해서는 아직 그 갈 길이 멀어 보인다. 무엇보다도 세금의 정확한 사용과 성실한 납부가 선행되지 않으면 유럽식 아동복지는 이루어지기 힘들 것이다.

프랑스는 19세기 후반부터 급격한 출산율 저하를 겪었다. 그래서 나라 차원에서 출산율을 끌어올리기 위해 다양한 지원을 해왔다. 단순히 여성들이 아이를 낳게 하는 데만 신경을 쓴 게 아니라, 사회 활동까지 활발히 할 수 있도록 다양한 지원을 아끼지 않았다. 그 결과 2010년 기준으로 출산율 1.99명, 25~49세 여성 고용률 77.6%를 보이며 서유럽에서 가장 성공적인 저출산 정책을 펼친 나라로 평가 받고 있다.

프랑스의 저출산 정책에 대해 좀 더 자세히 알아보자. 프랑스는 아이를 낳게 될 여성에게 출산 예정일 6주 전에서 출산 후 10주간 사이에 최소 16주의 휴가를 가질 수 있는 권리를 법적으로 부여하고 있다. 그리고 셋째 자녀부터는 출산 예정일 전 8주간, 출산 후 18주간으로 넉넉히 보장한다. 휴가기간 동안의 급여는 나라에서 지원한다. 직장에 계속 다니고자 하는 여성에게는 출산 후 3년까지 직장을 유지하면서도 아이를 키울 수 있도록 배려한다. 그래서 프랑스는 일하는 엄마들이 출산에 대한 걱정 없이 아이를 낳고 신생아 시절을 함께 보낸다.

영유아인 자녀를 두고 직장에 복귀해야 하는 엄마들을 위해서는 우리의 '어린이집'과 같은 크레쉬(CreChe)가 운영되고 있는데 이용비용은 부모의 소득 수준에 따라 달라진다. 크레쉬는 국공립으로 운영되며 주5일 기준으로 하루 10시간까지 이용이 가능하다. 그런데 워낙 맞벌이 비율이 많아서 대도시 같은 경우는 크레쉬의 입원이 쉽지 않다. 그래서 개인적으로 운영하는 어린이집에 아이를 맡기는 경우도 많다.

사립 어린이집은 보육사 자격을 가진 교사들이 교사 한 명당 아이 세 명을 기준으로 자신의 집에서 돌보는 방식이다. 사립 어린이집 보육 교사들도 나라에서 운영하는 기관에서 정기적으로 아이들을 돌보는 교육을 받을 수 있다.

북유럽과 서유럽 모두 자녀를 출산한 다음 충분한 시간을 가진 후 직장에 아무런 불이익 없이 복귀한다. 참으로 부러운 일이 아닐 수 없다. 우리나라는 육아휴직이 공기업을 제외하고는 제대로 이루어지지 않고 있다. 엄마들이 아이를 어느 정도 키워놓고 다시 복직을 하기가 어렵기 때문이다. 그래서 아기는 친정어머니나 시어머니에게 맡겨지는 경우가 많다. 엄마는 직장에 계속 다니기 위해 아이와 유대관계를 맺어야 할 소중한 시기를 그냥 흘려보내고 만다.

아기가 조금 자라면 어린이집에 맡기게 된다. 그런데 유럽 엄마들처럼 일찍 퇴근해서 아이와 함께하는 모습은 찾아보기 힘들다. 그보다는 매일 어린이집 문이 닫기 전에 뛰어와 허겁지겁 아이를 데려가는 엄마들이 훨씬 많다. 아이와 함께 집으로 돌아온 엄마는 '내가 언제까지 이러고 살아야 하나, 도대체 둘이 벌면 얼마나 번다고 이 짓을 해야 하나'라고 탄식하며 자존감과 육아에 대한 자신감을 동시에 잃어버린다.

정말 안타까운 일이 아닐 수 없다. 아이는 국가의 소중한 자산이기 때문에 모두가 함께 돌봐야 한다는 유럽인들의 사고방식과 국가의 정책이 부럽기만 하다.

우리나라도 출산율을 높이기 위해 여러 정책을 만들어 실행하고 있지만 아직은 갈 길이 멀다. 앞으로의 출산 정책은 아기뿐만 아니라 경제의 절반을 책임지고 있는 여성 인력에 대한 배려가 선행되어야 할 것이다.

아기를 잘 기를 수 있는 정책과 제도를 마련하는 것은 다음 세대에 대한 투자라 할 수 있다. 다른 시각에서 보면 고급 여성 인력을 활용하는 방법이기도 하다. 그러므로 엄마를 돌보는 것이 결국에는 아이들을 돌보는 것과 같다는 것을 우리는 가슴 깊이 받아들여야 한다.

Q. 생후 3개월 된 아기를 어린이집에 맡기고 출근해야 합니다. 아기가 괜찮을까요?

A. 어린아이를 맡겨두고 출근을 해야 한다면 엄마의 마음은 이루 말할 수 없이 불안하고 불편합니다. 엄마의 손길 대신 기관에 맡긴다는 죄책감에 사로잡힐 수도 있지요.

적어도 생후 2년 정도는 엄마가 숨소리를 들려주고 아이와 함께 시간을 보내야 하는 것이 마땅합니다. 그러나 자아실현 역시 중요하기에 직장맘을 선택하는 것이 잘못된 것은 아닙니다. 게다가 온종일 아이와 함께하는 전업맘이라고 해서 돌봄의 질이 무조건 높다고 볼 수는 없습니다. 직장에 다니면서도 시간을 잘 쪼개어 집중적으로 돌보면 전업맘보다 못하란 법은 없습니다.

그리고 어차피 아이를 맡겨야 한다면 아이를 돌보아 주는 기관을 신뢰해야 합니다. 혹시 내 아이가 피해를 입지 않을까 전전긍긍하기보다는 내 아이를 대신 키워준다는 고마운 마음을 가지고 양육의 동반자로서 함께 걸어가야 합니다.

교사를 지지하고 신뢰를 보내면 교사는 자긍심을 가지고 내 아이에게 엄마의 마음으로 다가갈 수 있습니다. 각종 매체에서 안 좋은 기관에 대해 보도하는 것을 심심찮게 볼 수 있습니다. 하지만 우리 사회에는 아직도 좋은 교사, 좋은 기관이 더 많습니다. 기관과 교사를 믿고 엄마가 하나 된 마음으로 아이를 보듬어 간다면 시간의 틈새를 충분히 메울 수 있습니다.

하루 종일 일에 몰두하다 보면 아이가 생각나지 않을 때도 있을 것입니다. 그렇다고 아이에게 미안해 할 필요는 없습니다. 퇴근을 해서 온종일 엄마의 냄새를 기다렸던 아이를 꼭 껴안아 주는 것만으로도 아이는 행복할 수 있습니다.

유럽 유치원을 돌아오며 희망과 긍정을 발견하다

아기는 3세가 되면 친구들과 협동하고 역할 분담을 하면서 노는 것에 기쁨을 느낀다. 이때는 손이나 발의 몸놀림도 섬세해져 보다 적극적으로 놀이를 즐길 수 있다. 그래서 대부분의 유치원 교육이 3세부터 6~7세까지 이루어지며 그 시기 동안 아이가 친구들과 마음껏 뛰놀게 하는 데 초점을 맞춘다.

유아 교육의 메카라는 유럽의 유치원을 탐방하며 느낀 것은 생각보다 '특별한 것이 없다'는 것이었다. 별다른 장식이나 기구 없이 깔끔한 탁자와 의자 몇 개, 그리고 낮잠을 잘 수 있는 베드, 마당에 미끄럼틀과 흙무더기뿐이었다. 그런데도 유럽 아이들은 그곳에서 모두가 부러워하는 최고의 교육을 받고 있었다. 어떻게 그럴 수 있을까?

그것은 어떤 교육 도구나 시설보다 아이의 성장 시기에 꼭 필요한 '놀이'에 집중하기 때문이다. 좋은 장난감을 제공하고 글자를 가르치면 좋은 교육이라 생각하는 사람들이 많다. 그러나 이 시기의 아이들에게 가장 좋은 교육은 몸으로 노는 것이다. 또 아이들에게 최고의 장난감은 친구나 부모 등 가까운 사람들이다. 자연 또한 좋은 놀이터이자 장난감이다.

유럽 유치원은 매일 숲이나 공원 등으로 산책을 가거나 여의치 않으면 마당에서 놀게 한다. 비가 오나 눈이 오나 개의치 않는다. 아주 추울 때는 외부 활동이 제한되긴 하지만 그것도 영하 15도가 기준이다. 바깥 놀이 시간은 2시간 정도로 아이들이 충분히 바깥에서 시간을 보낼 수 있도록 한다.

아이들은 바깥 활동을 통해서 자연을 온몸으로 느끼며, 창의력과 상상력을 개발하고, 넘치는 에너지를 마음껏 발산한다. 굳이 좋은 장난감

이 없어도 돌멩이, 나무와 풀잎, 벌레 등을 보며 만지고 냄새도 맡고 친구에게 건네주기도 하면서 함께 노는 법을 터득하고 오감을 만족시키는 교육을 받는 것이다.

사실 만들어진 장난감은 항상 똑같기 때문에 싫증이 나기 쉽다. 하지만 자연은 계절에 따라 시시각각으로 변화하기 때문에 언제나 호기심을 만족시키며 즐길 수 있다. 아이들은 자연 속에서 친구와 새로운 놀이를 만들어내며 창의력을 기른다.

노르웨이 유치원의 자연 교육

노르웨이 유치원의 일상은 단순하다. 아침이 되면 엄마나 아빠 손을 붙잡고 아이들이 등원하는데 아이가 오면 가장 먼저 하는 것이 양말을 벗는 것이다. 그렇지만 신발을 그대로 신고 활동하는 유치원도 많다.

아무튼 양말을 벗게 하는 것은 미끄러지는 것을 방지하기 위함이다. 그런데 아이가 양말을 벗을 때 선생님이 도와주지 않는다. 의자나 바닥에 앉아 아이가 스스로 양말을 벗도록 하고 선생님은 지켜보기만 한다. 선생님은 아이가 정말로 어려워 할 때만 도와준다.

일찍 등원하는 아이들은 죽이나 스프 같은 간단한 음식을 먹게 해준다. 아침에 너무 일찍 오느라 입맛이 없어 밥을 못 먹은 아이들을 위한 배려인 것이다.

등원이 끝나면 놀이 시간이 본격적으로 펼쳐진다. 아이들은 노래도 하고 블록을 가지고 놀기도 한다. 그러다가 오전 또는 오후 중에 시간을 정해 바깥 활동을 한다. 이때 외출복이나 방한복으로 갈아입는데 이것 역시 선생님이 도와주지는 않는다. 유치원 벽에 보면 아이들의 외출복이 담겨져 있는 주머니가 주르륵 걸려 있다. 이것을 바깥 활동 시간이 되면 내려서 아이들이 스스로 갈아입게 한다. 선생님은 옆에서 멜빵끈이 꼬였거나 운동화를 신기 어려워하면 그때 조금씩 도와줄 뿐이다. 옷을 갈아입은 아이들은 바깥으로 나가 흙무더기에서 장난을 하기도 하고 나무를 타고 놀기도 한다.

피오르드로 유명한 노르웨이의 Aiesunddp에 있는 Klipra Barnehage 유치원을 방문한 적이 있다. 아이들이 바깥 활동을 많이 하면 사고가 나거나 학부모들이 걱정을 하지 않을까 의문이 들어 원장 선생님께 물어보았다. 그의 대답은 이랬다.

"한 번도 그런 적은 없었습니다. 만약 사고가 난다 해도 학부모들은 그럴 수도 있다고 이해할 거예요."

학부모가 유치원을 신뢰하고 교사들 역시 학부모를 신뢰하고 있다는 느낌을 주는 대답이었다.

아이들은 누구나 자신의 몸을 제어할 수 있는 '조절 능력'이 있다. 그래서 아주 위험한 놀이가 아니라면 아이 스스로 조절 능력을 키워갈 수 있게 그냥 지켜보는 것이 좋다.

예를 들어 5살짜리 아이가 나무 위에 올라간다고 가정해보자. 엄마

의 마음은 조마조마하겠지만 그렇다고 "너 그러다 떨어져!"라고 소리를 치면 오히려 아이가 놀라서 떨어질 수 있다. 아이가 나무를 타고 싶어 한다면 어디까지 올라가도 좋을지 미리 약속하고 그냥 지켜보는 것이 안전상 더 좋다.

아이는 나무에 올라가면서 자신의 한계를 인지하기 때문에 쉽게 떨어지지 않는다. 또한 다소 벅차더라도 스스로 나무를 오르내리며 성취감을 느끼게 된다. 이것은 다른 일도 해낼 수 있는 힘을 키우는 데 도움이 된다. 이처럼 아이가 한 단계, 한 단계 성장하길 바란다면 엄마가 보기에 조금 무리가 되는 일도 허용하고 지켜보면서 아이의 성취감과 자신감이 자라나는 것을 도와주어야 한다.

다시 유치원으로 돌아가 보자. 바깥 놀이를 끝낸 아이들은 점심을 먹는다. 이때 손의 사용이 능숙한 5살 연령 정도의 아이는 뷔페식으로 음식을 스스로 덜어먹게 하고 선생님은 그냥 지켜본다. 떨어져도 깨지지 않는 식판을 주고 덜어먹게 하면 혼자서 밥을 먹는 습관도 들이고 자립심도 키워나가게 되며 식사의 즐거움도 느낄 수 있다.

이 유치원에서 실내 놀이를 할 때 특징적인 것은 또 있다. 매번 그런 것은 아니지만 여러 가지 놀이를 그림으로 그려서 벽에 붙여놓는다. 그러면 아이들은 자신들이 하고 싶은 놀이에 스티커를 붙이고 일정 인원이 구성되면 원하는 놀이를 한다. 예를 들어 소꿉놀이, 영역 놀이, 표현 놀이, 의사 놀이 등 몇 가지를 정해놓고 4~5명이 팀을 이뤄 놀게 하는 것이다. 이러면 아이들의 성향을 파악할 수도 있고 혹시 놀이에서 따돌림을 당하는 아이는 없는지도 살필 수 있다.

교사는 아이들이 노는 것을 옆에서 지켜보고 있다가 아이들이 잘 어울릴 수 있도록 도움을 준다. 물론, 놀이에 직접적으로 끼어들어 주도하는 역할은 하지 않는다. 놀이의 방법 정도만 알려주고 소외되는 아이를 무리 속에서 자연스럽게 놀 수 있도록 지도하는 것에 그친다.

북유럽의 유치원이 이렇게 아이들을 돌볼 수 있는 것은 선생님들의 숫자가 많아 집중적으로 아이들을 관리할 수 있다는 것도 한몫하고 있다. 노르웨이와 핀란드는 선생님 1명당 아이 5~7명, 덴마크는 4명 정도로 돌보아할 아이 수가 매우 적다. 그래서 선생님이 아이들을 집중해서 돌볼 수 있고, 급여 수준도 높아 선생님들의 직업 만족도가 큰 편이다. 국립이 아닌 사설의 경우도 나라에서 운영비의 50% 정도를 보조 해주어 유치원 운영에 힘을 보탠다.

유치원은 교육부 소속이기 때문에 기본적인 교육 지침을 따라야 하지만, 어떤 식으로 수업과 놀이를 진행할 것인지는 전적으로 교사가 판단한다. 북유럽의 유치원 교사들은 엄격한 조건을 거쳐 선발된다. 탁아소의 교사들은 3단계에 거친 교육 과정을 이수해야 하고 유치원 교사들은 5단계 이상의 교육 과정을 이수해야 한다. 그러니까 적어도 대학 이상의 교육을 받아야 하며 유치원으로 교생 실습을 나가 경력을 쌓아야 하는 것이다. 노르웨이의 경우 2주 정도의 초등학교 1학년 교실 참관도 의무화하고 있다.

이처럼 철저한 교육과 관리로 선발된 교사들은 국가와 학부모의 신임을 받으며 자부심을 가지고 일한다. 근무환경이 좋고 급여가 충분하기 때문에 남자 선생님도 쉽게 찾아볼 수 있다.

유치원의 수업료는 정부 규정에 따라 학부모가 매달 지불하는데, 소득이 높으면 많이 내고 소득이 적으면 적게 낸다. 저소득이나 한 부모 가정은 더 많은 지원을 받는다. 하지만 아무리 고소득이여도 한 달에 30만 원 이상을 내진 않는다. 노르웨이의 경우 정부와 지방자치단체, 부모가 각자 분담을 해서 내는 형식을 취하고 있다. 여기에 장애 아동이나 소수 민족 아동들은 할인을 더 받거나 유치원 입학에 우선권을 갖는 등의 복지가 더해진다.

북유럽의 유치원들은 정말 겉으로 보기엔 특별한 것이 없다. 하지만 그 속을 살펴보면 사랑과 정성이 가득한 보살핌을 받는다는 것을 알 수 있다. 정부와 지자체의 보조, 그리고 선생님들의 배려로 아이들은 마음껏 뛰놀며 지혜롭고 튼튼하게 자라는 것이다. 여기에 학부모의 신뢰가 더해져 선생님들이 긍지를 가지고 아이들을 돌보고 있다.

영국 유치원의 자율 교육

영국에서는 유치원 두 곳을 방문했다. 이 중 한 곳이 너서리(nursery) 유치원이었다.

너서리 유치원은 연령대를 구분해서 따로 반을 구성하지 않고 있었다. 이곳에 다니는 아이들은 26명이었는데 4명의 교사와 다 같이 어울려 활동하고 있었다. 이곳의 원장님은 교육은 아이들이 함께 어울려 지내는 것을 알려주는 것이라 했다. 따라서 서로를 존중하고 서로에게 양보할 줄 아는 것을 가르쳐야 한다고 했다.

유치원에는 각자 또는 그룹으로 놀 수 있는 다양한 놀이를 구비해 두고 있었다. 역할놀이, 병원놀이, 소방서 놀이 등 아이가 흥미에 따라, 때로는 주제에 따라 영역을 선택할 수 있도록 마련해두었다.

한 영역에는 모래 상자 속에 갖가지 모래 놀이기구와 동물을 배치시켜서 놀이를 하고 있었다. 그리고 야외에는 책상을 놓고 선생님과 재미나게 찐득찐득한 밀가루 반죽놀이를 하고 있었다.

　나무들이 있는 곳은 아이들이 정글처럼 느낄 수 있도록 해병대 무늬 정글짐을 만들어 놓고 텐트를 설치해 놓았다. 아이들은 이곳을 들락거리며 놀고 있었다. 아이들은 숨기 좋은 은밀하고 아늑한 장소에 매력을 느낀다. 텐트 안에는 야광 조명이 있어서 은밀하고 아늑한 느낌이 나도록 했다. 아이들은 텐트에서 실컷 놀다가 창문 틈 사이로 다리를 내밀기도 하고 얼굴을 내밀며 웃기도 했다. 참 사랑스러운 모습이었다.

어떤 남자아이는 낑낑거리며 무거운 나무를 옮기고 있었는데, 그 몸짓에서 비장한 도전정신까지 느껴졌다. 아마도 남자아이는 그 활동을 통하여 성취감을 느꼈을 것이다.

다른 영역에서는 욕조 속에 인형을 눕혀 놓고 머리를 감겨주는 아이, 빨래를 하고 있는 아이가 있었다. 이 나이 때 아이들이 참으로 좋아할 만한 놀이였다.

두 번째로 방문한 유치원 입구에는 방문자 노트가 있어서 방문 시간과 이름을 적고 옷에 스티커를 부착해야 들어갈 수 있었다. 아이들의 안전 문제 때문에 외부 출입자를 엄격하게 관리하고 있는 것이었다.

이곳 유치원은 아이들이 등원할 때나 하원할 때 모두 부모가 데리고 오고 가는 것이 원칙이며 안전을 위해서 만나는 장소도 엄격하게 정해져 있다. 학부형들은 규정을 철저히 지키고 있었다. 이곳에서 한국에서 이민 온 엄마를 만날 수 있었는데 엄마의 바람은 등·하원할 때 한국처럼 버스 운영을 해주는 것이었다.

내가 방문했을 때는 마침 간식시간이었다. 간식은 아이들이 직접 친구들에게 나누어 주도록 했다. 이곳 유치원 원장님의 철학은 나눔을 배우는 것이었다. 원장님은 힘든 부분을 아이들이 함께해 나가는 것을 보면서 보람을 느낀다고 말했다.

아이들이 간식을 먹는 동안 교사는 동요 테이프를 틀어놓고 동화책을 보여 주었다. 간식을 다 먹은 아이들은 함께 노래를 부르기도 하는 등, 자유롭게 간식 시간이 흘러갔다.

유치원에서 이번 주에 배우는 주제는 곤충이었다. 한국 아이들도 좋아하는 《배고픈 애벌레》는 이곳 아이들도 즐겁게 보는 책이었다. 유치원 곳곳에는 곤충과 관련된 사진이 붙어 있었다. 한쪽 구석에는 장난감 곤충이 들어 있는 얼음이 있었다. 아이들은 곤충을 얼음 속에서 꺼내주기 위해 나무망치로 열심히 얼음을 깨고 있었다.

벽에는 아이 한 명 한 명마다 관찰일지가 마련되어 있었고, 교사는 아이들이 활동하는 모습을 찍은 사진과 함께 학습하고 노는 내용을 잘 정리해 두고 있었다.

런던의 유치원에서는 여유를 가지고 아이들을 학습시켰다. 아마도 초등학교에서 아이들을 집중적으로 가르치면 구구단을 외우는 데 한 달도 걸리지 않을 것이다. 그런데 이곳에서는 구구단을 가르치는 데 1년을 투자한다. 천천히, 감각으로 느끼고 이해할 수 있도록 돕는 것이다. 이런 교육방법을 학부모들은 당연하게 생각하며 받아들인다.

영국 유치원에서 이루어지는 교육활동은 크게 6가지로 분류할 수 있다. 첫째, 아이의 개인적 · 사회적 · 정서적 발달을 돕는 것. 둘째, 의사소통 및 글을 읽고 쓰는 능력을 길러주는 것. 셋째, 수리적인 능력을 개발하는 것. 넷째, 지식과 세계에 대한 이해를 높이는 것. 다섯째, 신체적 개발을 돕는 것. 여섯째, 창의력 개발을 돕는 것이다. 영국 유치원의 교육과정은 한국과 비슷했다. 그러나 모든 과정이 아이들의 눈높이에 맞게 느긋하게 이루어지고 있었다.

유치원에는 국가기관이 사전 통보 없이 감사를 나온다. 감사는 평가 보다는 유치원을 도와주고 지도하는 관점에서 행해진다. 우리나라에서 는 위험하다고 여기고 정리가 되어 있지 않다고 점수를 낮게 줄 수 있는 부분을 여기서는 신경 쓰지도 않는다. 다만 교육적인 부분을 눈 여겨 볼 뿐이다. 감사가 끝난 후에는 등급표를 작성한다. 학부형들은 그 표를 보 고 어느 유치원에 아이를 보낼지 결정한다.

영국의 유치원에는 백인 아이들만 있는 것이 아니라 다양한 인종 의 아이들이 함께한다. 영국은 이민자들에게 지원을 많이 해주기 때문 에 이민자가 많다. 그래서 인도 등을 비롯한 아시아 아이들도 쉽게 볼 수 있다.

영국에서는 극빈자나 싱글맘들이 먹고 사는 데 지장이 없도록 나라 에서 집세도 내주고 기본적인 생계비도 지원해 준다. 그래서 생활이 어 려운 사람들도 부담 없이 아이들을 교육시킬 수 있다. 탈북자들에게는 정착 자금과 실업수당까지 나오기 때문에 북한에서 이곳으로 오는 사 람들도 많다고 한다.

영국은 연소득이 1만에서 41,865파운드까지는 20%, 그 이상(연소득 이 41,866파운드 이상)일 경우 소득세가 40%*에 이르기 때문에 이런 정책들 이 가능하다. 세금을 떼고 나면 직장이 없는 사람보다 있는 사람이 수입 이 적을 때도 있다. 그래서 사람들은 의사나 판사 등의 전문직을 가지려

---

*참고 : 영국 정부 웹페이지 - https://www.gov.uk/income-tax-rates/current-
    rates-and-allowances

특별히 애쓰지 않는다. 그런 직업을 선택한 사람들은 자신이 진정으로 원해서 하는 경우가 많다.

독일의 숲 유치원

"내가 배워야 할 모든 것은 유치원에서 배웠다"는 말이 있다.

독일의 유아교육은 이 말에 걸맞게 언어와 숫자 등의 교육보다는 식사와 놀이를 통해서 어떻게 행동해야 하는지를 알려준다. 그리고 자연 속에서 아이들을 뛰어놀게 하면서 하나의 인격체로 자라날 수 있도록 돕는 교육을 펼친다. 이런 독일의 유아교육을 대표하는 것이 '숲 유치원'이다.

세계 최초로 유치원을 설립한 프뢰벨(Friedrich Fröbel)은 "어린이들을 숫자와 글자가 아닌 자연 속에서 뛰놀게 하라"는 말로써 자연의 중요성을 강조했다.

우리나라의 아이들도 한 때는 온종일 들판이나 산을 돌아다니며 자연에서 배우던 때가 있었다. 그런데 숲 유치원을 졸업한 아이들이 엄마가 돼서 자신의 아이들을 콘크리트 건물에 가둬두고 있으니 어찌 보면 아이러니하다고 할 수 있다.

아무튼 독일에서는 자연 속에서 마음껏 뛰놀며 배우는 숲 유치원의 교육 효과가 인정받으면서 그 수가 갈수록 늘고 있다. 현재 독일은 숲 유치원을 350여 개 정도 운영하고 있다. 일반 유치원들도 자주 숲을 찾으며 아이들이 자연 속에서 체험을 하도록 배려하고 있다.

독일 프랑크푸르트 시내에 있는 숲 유치원의 교실은 두말할 것도 없이 자연이다. 하늘로 쭉쭉 뻗어 있는 푸른 나무들이 빽빽이 들어차 있는 공원이 교실이며 살아있는 교육의 장이다.

숲 유치원의 교육장은 숲속, 호숫가, 흙이 많은 공터 등이다. 수업을 어디서 할지는 아이들의 의견을 최대한 존중한다. 그러나 최종 결정은 계절과 날씨를 고려해 교사가 한다.

일단 교육장에 가면 그곳에서의 놀이는 아이들에게 맡긴다. 따로 짜인 교육 과정 없이 아이들의 호기심과 선호에 따라 운영되는 곳도 있지만 필자가 참석한 곳은 연중계획에 따라 운영되고 있었다.

프랑크푸르트에서 방문한 숲 유치원은 버즈놈(versoehnung) 유치원이었다.

오전 9시 무렵이 되자, 학부모들이 차량에 아이를 싣고 공원 입구로 와서 선생님께 인계해주었다. 숲 유치원은 4살에서 7살까지의 아이들이 22명 있었는데, 2개의 반으로 나누어 운영되고 있었다. 내가 참석했을 때는 2명이 가족과 함께 주말여행을 떠나서 20명이 참석하였다.

아이들은 물결이 잔잔한 호숫가를 지나면서 돌멩이도 던져보고, 나무 둥치 속에 무엇이 들어있나 살펴보기도 했다. 선생님의 별다른 지시 없이도 저마다 익숙하게 놀이에 빠져들었다.

나는 선생님 두 분, 그리고 아이들과 함께 숲속의 오솔길, 호숫가를 거닐었다. 그리고 20여 분이 지나서 바우바겐에 도착했다. 6월 중순이었지만 혹시 몰라서 긴팔을 입고 갔는데도 추워서 몸이 덜덜 떨렸다. 그런데 아이들은 미리 날씨에 맞게 비옷과 장화를 챙겨 와서 보슬비가 흩뿌리는 쌀쌀한 날씨에도 자연을 느끼며 신나게 활동을 했다.

숲 유치원은 악천후를 제외하고는 비가 오는 경우에도 바깥에서 수업이 펼쳐진다. 다양한 환경 속에서 활동을 해서 그런지 아이들은 몸은 물론이고 표정과 마음까지도 매우 건강하게 느껴졌다.

3년째 이 유치원에 다니고 있는 아이는 "숲속에서 노는 게 정말 신난다. 7월에 열리는 캠프가 기다려진다."고 했다. 아이들은 7살이 되면 밤에 숲에서 텐트를 치고 모닥불을 피워놓고 학부모와 떨어져 하룻밤을 자는 행사를 치른다.

아이들이 모두 바우바겐에 도착하자 돌로 꾸며진 자리에 둘러앉아 인디언 스틱 놀이를 했다. 인디언 스틱 놀이는 막대기를 가진 사람만이 발언권을 가지는 인디언들의 소통 방식에서 착안한 놀이이다. 막대기를 가지지 않은 사람들은 말하는 이의 이야기를 경청해야 한다. 이번 주말에는 무엇을 하고 지낼 것인지에 대해 아이들은 한 명씩 돌아가면서 이야기를 했다.

우리나라에서는 5세 정도의 아이에게 주말에 어디에 갈 건지 물어보면 놀이동산에 간다고 대답하는 경우가 많다. 그리고 이 아이가 놀이동산에 놀러 가면 같은 유치원 친구를 만나는 경우가 종종 있다. 독일의 유치원 아이들도 마찬가지였다.

교사는 모든 아이들이 전부 이야기를 할 때까지 조용히 경청하며 기다렸다. 그리고 나서 주제와 관련된 동화책을 읽어준 다음 다함께 노래를 불렀다. 이후, 각자 생각하는 시간이 주어졌다.

간식을 먹기 전에는 준비된 물에 손을 씻는데 화산재로 만든 세정 가루를 조금 묻혀서 손을 닦는다. 당번이 수건을 들고 있으면, 아이들이 한 명씩 나와서 손을 닦았다. 그리고 엄마가 준비해 준 소박한 간식을 먹었다. 간식은 집에서 먹던 과일이나 빵, 당근과 견과류 등이었다.

숲에는 벌레 같은 위험 요소도 있지만 아이들은 아랑곳하지 않고 시간 가는 줄 모른 채 이곳저곳을 탐구했다. 어떤 아이들은 선생님과 함께 길어온 물을 가지고 흙을 반죽하면서 놀기도 했다. 옷에 온통 진흙을 묻히며 노는 이 놀이는 어른이 보기에는 빨랫감을 늘리는 장난에 불과할지도 모른다. 그러나 아이들에게는 더없이 즐거운 놀이이다. 아이들은 흙 장난을 아무리 해도 질리지 않는다. 흙에 물까지 더해지면 더욱 풍성하게 놀이가 이루어진다. 성 쌓기를 할 수도 있고 서로 색깔이 다른 흙을 이용해 아이스크림처럼 만들어 팔고 사는 등의 역할놀이를 할 수도 있다.

아이들은 쓰러진 나무 사이로 뛰어다니다가 나무껍질을 벗겨 배를 만드는가 하면, 그 배를 물에 띄우며 소리치고 웃고 떠들었다. 아이들은 종이 대신 나무껍질과 나뭇가지, 풀잎들을 가지고 다양한 것을 만들었다. 그러다 조금 지치면 노래를 부르거나 나무둥치 의자에 앉아서 쉬기도 했다.

쉬고 나서는 혼자 들기도 힘든 굵은 나뭇가지를 낑낑거리며 끌고 가기도 했다. 그 모습을 보고 친구들이 달려와서 "함께할까?" 하고 묻자 "그래!"라고 대답하고는 함께 끌었다. 아이들은 이렇게 나무둥치와 가지들을 한 곳에 모아 뼈대를 세우고 그 위를 잔가지와 나뭇잎, 풀잎 등으로 덮어 근사한 집을 만들었다. 아이들은 흐뭇한 표정을 지으며 서로에게 자랑을 했다.

교사들은 아이들의 놀이를 잘 관찰할 뿐 놀이에 참여하지는 않았다. 그저 아이들이 안전하게 노는 것에만 신경을 썼다. 그러다가 아이들이 궁금해 하는 것을 질문하면 대답을 해주곤 했다.

교사들은 아이들이 자기들끼리 어울려 노는 방법을 잘 알고 있다고 믿기 때문에 그저 지켜만 보고 있는 것이다. 아이들은 이렇게 자연 속에서 어울려 노는 과정을 통해 사회성, 책임감, 독립심을 키우게 된다. 교사들이 나서서 '교육'을 하지 않아도 스스로 터득하는 것이다.

숲 속에서의 수업은 정오에 종료됐다. 교사들이 아이들을 인솔해서 출발했던 곳으로 돌아오니 부모들이 반갑게 맞이했다.

집으로 돌아갈 아이들은 부모들을 따라서 가고, 계속 있을 아이들은 선생님과 10분 정도 떨어진 유치원으로 걸어갔다. 아이들은 그 잠깐 동안에도 궁금한 것이 있으면 선생님에게 물어보면서 호기심을 해결했다.

유치원에 도착하니 미리 준비된 점심이 나왔다. 점심 메뉴는 삶은 감자, 샐러드, 우유였다. 실컷 뛰놀아서 허기가 진 아이들은 점심을 맛있게 먹었다. 아이들은 잠시 휴식을 취한 후 다양한 수업을 받았다.

숲에서 호기심과 상상력을 최대한 발휘하며 마음껏 놀 수 있는 것은 엄청난 혜택이다. 콘크리트로 만든 집과 교실에서는 아이들이 제한적인 경험을 할 수밖에 없다. 어른들의 눈에는 공장에서 만들어진 장난감이 좋아보일지 모른다. 그러나 아이들은 숲에서 나오는 모든 것들로 장난감을 만들어 즐길 줄을 안다.

독일에서는 부모들이 아이들과 등·하원을 함께한다. 우리나라처럼 아파트 단지 안까지 들어오는 유치원 버스가 있으면 참 좋으련만 운영되지 않는다.

독일의 대중교통은 달마다 그리고 시간대에 따라 교통비 차이가 많이 난다. 유아들은 교통비가 무료이다. 그래서 먼 곳으로 견학을 가도 교통비가 들지 않는다. 이처럼 독일은 복지를 생각하며 다양하게 교통체계를 운영한다. 매우 합리적인 시스템이지만, 처음 마주하는 사람 입장에서는 굉장히 복잡하게 여겨질 수도 있다.

두 번째로 방문한 쾨닝스타인 발드 킨더가르텐(koeningstein wald kinder-garten)은 교회 부설 유치원이었다. 원장님이 20년 째 근무를 하고 있어서 안정감이 느껴졌다. 원장님은 아이들이 서로 잘 어울리며 지내는 것이 가장 중요하다고 나름의 교육 철학을 담담하게 말했다.

유치원 입구에는 개인별 파일이 있었다. 원장님은 선생님들이 손 글씨로 아이들의 생활을 자세하게 정리해서 보관하고 있다고 자랑을 했다.

독일은 교육, 의료, 노후 보장 등의 다양한 사회복지제도 덕분에 많은 나라에서 이민을 오고 있다. 그래서 유치원에는 여러 나라의 아이들이 있다. 원장님은 다문화 아이들에게 수업보다는 친구들과 잘 지내는 데 초점을 맞추고 있다고 했다. 이 유치원은 전체 정원의 절반 정도가 다국적 아이들이었다. 아이들이 잘 적응하도록 신경을 많이 써서 그런지 서로 다른 나라의 아이들이 스스럼없이 어울리고 있었다. 한 반은 15명 정도로 구성돼 있었고 두 명의 선생님이 아이들을 맡고 있었다.

실내에는 다양한 높낮이로 그네를 탈 수 있도록 조절하는 기구가 있었다. 그리고 다양한 재료로 마음껏 표현하도록 준비된 아트방, 아이들이 좋아하는 엄마 아빠 놀이를 색다르게 할 수 있는 역할놀이방, 극 놀이와 다양한 표현을 할 수 있는 방이 배치되어 있었다. 화장실에는 아이들이 실수를 할 때를 대비해서 욕조까지 준비되어 있었다. 욕조는 장애

아동을 위한 것이기도 했다. 유치원에서 30미터 떨어진 곳에는 임대해서 가꾸는 아름다운 정원들이 즐비하게 있었다.

수업을 마치고 나면 우리의 종일반처럼 부모가 올 때까지 넓은 운동장에서 그네도 타고 풀밭을 뛰어다니며 놀았다. 부모들은 정해진 시간에 도착하기 위해 직장에서 종종 걸음으로 달려왔다. 4시 30분~5시쯤 마치기 때문에 아이를 데리러 오려면 항상 바쁘게 움직여야 한다고 푸념을 했다. 우리가 보기에는 여유가 있어 보였지만 그들은 그들 나름대로 쫓긴다고 생각하는 모양이다.

독일의 유치원은 정해진 시간에 따라 동일한 활동을 하는 것은 일주일에 한두 번 정도이다. 나머지는 대부분 각자의 흥미에 따라 그림책을 보거나, 그림을 그리거나, 만들기를 하며 논다. 또는 퍼즐을 맞추거나 친구들과 보드게임을 하기도 한다. 그리고 대부분의 시간은 숲이나 공원, 운동장에서 논다. 독일은 일조량이 적기 때문에 해가 나는 날이면 무조건 바깥에서 아이들을 놀도록 한다. 아이들에게 가장 필요한 것은 학습보다 놀이라는 생각이 확고한 때문이기도 하다.

프랑스 유치원의 여유 있는 교육

프랑스의 유치원은 여유를 가지고 아동을 사람답게 존중하며 자신의 생각을 당당하게 표현하며 살아가도록 환경을 조성한다. 그리고 자신의 생각이 중요한 만큼 다른 사람의 이야기에도 귀 기울이도록 교육한다. 그래서 프랑스 아이들은 다양한 대화를 통해 다름의 의미를 어릴 때부터 깨닫는다. 가정에서도 아이들의 생각을 존중하고 귀 기울여 듣기 때문에 서로 의견을 주고받는 토론 문화가 형성되어 있다. 이처럼 프랑스 아이들은 자신의 의견을 자유롭게 말하는 분위기 속에서 자율성과 창의성을 키워나간다.

프랑스 국립교육연구소 사르티에 교수는 "프랑스 교육의 기본 이념은 창의성으로 창의성은 21세기를 살아갈 아이들에게 가장 필요한 자질"이라며 "유치원에서는 창의성 향상에 필요한 환경을 만들어 주고 있다"고 말했다.

프랑스의 공립 초등학교와 유치원은 학비가 들지 않지만 점심 비용은 부모가 내야 한다. 그 액수는 형편에 따라 7~8개 등급으로 나뉜다. 하지만 가장 높은 등급이라고 해도 학부모가 부담을 느낄 정도는 아니라고 한다. 사립은 공립과 달리 모든 아이들이 일괄적인 금액을 내야 한다.

프랑스의 공립 유치원은 수요일은 운영하지 않는다. 이날은 구청에서 운영하는 과외활동을 한다. 박물관을 관람하거나 놀이공원에서 노는 등 주로 야외 활동을 하게 된다. 이날의 참가비 역시 부모의 소득에 따라 달라진다.

유치원의 운영 시간은 맞벌이 하는 부모의 상황을 고려해 다양하게 운영한다. 원칙적으로 유치원은 오전 8시 30분부터 오후 4시 30분까지지만 그 안에 오기 어려운 부모들을 위해 오후 6시까지 특별과외 시간을 정해놓고 하루 최대 10시간까지 돌봐준다.

유치원의 등 · 하원은 반드시 부모가 동행해야 하며, 부모가 아닌 사람의 유치원 방문은 신원 확인을 확실히 한 후에 이루어진다.

프랑스는 다양한 경험을 할 수 있는 예술의 나라이다. 재능 있는 예술가들의 수많은 명작을 소유하고 있는 프랑스는 그 유산을 아낌없이 아이들에게 내보인다. 어릴 때부터 수준 높은 작품을 보여주어 예술성을 키워주는 것이다. 이런 환경 속에서 아이들은 창의력과 상상력을 키워나가게 된다.

프랑스의 에콜 드 마이에(ecole de maille)유치원을 방문했을 때이다. 아이들이 만들어 놓은 찰흙 작품을 보는데 우리네와 다르게 아기자기하고 예쁜 작품들이 없었다. 프랑스 유치원에서는 찰흙 작업을 할 때, 예쁘게 만들기보다는 생각을 자연스럽게 드러낼 수 있는 환경을 제공한다.

유치원에서는 미술 시간에 아이들이 예쁘게 꾸미는 데 중점을 두기보다는 종이에 표현하고 싶은 것들을 마음대로 하도록 다양한 재료를 준비해두고 있었다. 아이들은 밝고 화려한 원색으로 그림을 그렸다.

만다라(Mandala, 원-본질) 수업은 종이 놀이를 통해 자연스럽게 이루어지고 있었다. 영어 수업 역시 불어와 함께 알파벳 놀이를 통해서 자연스럽게 해나가고 있었다.

내가 방문했을 때는 방학을 하는 날이라서 축제를 준비하고 있었다. 1학기에 학년이 끝나고 2학기 때부터 새 학년이 시작되기 때문에 여름

방학 날이 그들에게는 수료식이고 졸업식이다.

아이들은 처음에는 자유복을 입고 나오더니 이내 행사용으로 제작된 멋진 옷을 입고 나왔다. 전반적으로 우리와 비슷한 형태로 발표회가 진행되었다.

발표회는 토요일 오전 11시부터 시작되었고 1시간 30분 정도 진행되었다. 마치고 나서는 부모들이 각자 가정에서 구워온 빵과 준비한 음료를 참석한 분들에게 판매했다. 판매 수익금은 아이들에게 필요한 것을 구입하도록 유치원에 기부를 했다. 아이들 역시 장난감을 서로 팔고 사며 축제를 즐겼다.

학부형들은 부모와 아이들이 어울려서 하는 게임도 주도해서 진행했다. 아이들은 아빠가 면도를 할 때 쓰는 크림을 풍선에 발라 면도를 하면서 아빠 놀이를 했다. 에어 바운스도 대여하여 몸을 쓰는 활동도 하도록 했다. 행사는 왁자지껄했지만 전체적인 분위기는 소박했다.

프랑스는 공립 유치원이 대부분이다. 그런데 비용이 좀 들더라도 사립 유치원으로 보내는 학부형도 더러 있었다. 대부분의 사립 유치원은 국공립 유치원의 시설을 능가하지만 어느 곳은 시설이 열악하고 인원이 많은 곳도 있었다. 그래서 왜 굳이 비싼 비용을 지불하면서 사립에 보낼까 하는 궁금증이 들었다.

대부분의 사립 유치원은 가톨릭 재단에서 운영하기 때문에 엄격한 전통을 고수하는 경향이 있었다. 전통이 있는 사립일수록 인기가 높고 입학하기도 힘들다고 했다. 사립은 공립과 다르게 주5일제 수업을 하고 있었다.

그런데 이렇게 보수적인 사립 유치원이 현대 사회에 걸맞게 아이들의 상황을 부모에게 즉각적으로 알려주는 서비스를 실시하고 있었다. 그래서 엄마들은 시설이 다소 열악해도 사립 유치원을 선호하는 것이었다.

이외에도 사립 유치원은 매일 노트에 아이의 상황을 적어서 전달해 주는 등 섬세한 보살핌을 제공하고 있었다. 또한 학부형 모임을 한 달에 한 번씩 정기적으로 열고 있었다. 학부형 모임에서는 유치원 전반의 운영에 대해서 학부형들과 같이 의논한다.

프랑스 사람들은 영어를 잘 사용하지 않는다. 하지만 사립 유치원에서는 세계화 시대에 발맞추어서 영어를 어릴 때부터 해야 한다는 필요성을 느끼고 영어 수업을 하고 있다. 주입식 교육보다는 아이들이 자연스럽게 영어를 접할 수 있도록 환경을 만들어 주는 데 주력하고 있다. 이처럼 국공립 유치원과는 달리 영어를 가르치기 때문에 사립 유치원에 아이를 보내는 부모들도 있는 것이다.

내가 방문한 사립 유치원에서 원장 선생님과 대화를 나누며 그곳 사진을 찍어도 괜찮은지 허락을 구했다. 그런데 개인 생활을 중시해서 그런지 아이들이나 유치원 전경을 촬영하는 것을 거절했다.

원장님의 교육 철학은 아이들이 나눔을 배워야 한다는 것이었다. 그래서 원장님은 아이들이 배려하고 어울리는 생활을 통해 자연스럽게 나눔에 대해 알 수 있도록 노력하고 있다고 말했다.

고흐가 생의 마지막을 보낸 파리의 북쪽 시골마을 오베르 쉬르 우와 즈(auvere-sur-oise)에 다녀왔다.

작은 시골 마을 오솔길에는 구석구석 작은 나무들이 자리하고 있었고 아기자기한 골목길은 많은 이야기들을 품고 있는 듯했다. 끝없는 수평선과 맞닿아 있는 보리밭은 그야말로 장관이었다. 이 풍경을 본다면 화가가 아니더라도 누구나 그림을 그리고 싶은 마음이 일어날 것만 같았다.

시골 마을의 구석구석을 거닐며 고흐의 숨결을 느낄 수 있었다. 그런데 고흐가 묻힌 곳은 그의 명성에 비해 초라하게 느껴질 정도로 소박했다.

돌아오는 길에 마을 유치원에서 축제가 벌어지고 있는 것을 보았다. 유치원과 초등학교를 함께 운영하고 있는 곳이었다. 그곳에서는 몇 주 전부터 준비한 전시회를 열고 있었다.

아이들이 그린 작품들이 전시돼 있었는데, 수업 중에 고흐의 작품을 감상하며 느낀 것들을 표현한 것들이었다. 해바라기 작품을 접하고 난 후 그 느낌을 표현한 아이, 나무에 유화로 표현한 아이, 돌멩이로 다양하게 꾸민 아이 등 대가들의 다양한 작품을 접하면서 키운 상상력과 창의력을 마음껏 표현한 모습이었다. 프랑스 아이들에게는 예술이 생활 가운데 자연스럽게 녹아 있는 듯했다.

나뭇가지를 이용해 다양한 손바닥 모양을 만들어낸 작품은 색감이 무척이나 멋스러웠다. 흙과 진흙을 통해 자신의 감정을 마음껏 표현한 작품은 자신의 예술성을 아낌없이 뿜어내는 것 같았다. 아이들의 작품에서는 개인의 개성을 살린 것도 많았지만 친구와 함께 머리를 맞대며 생각을 모아 만든 협동작품도 많이 있었다.

전시회에는 얼굴에 물감을 칠한 다음 무서운 표정을 지으며 친구들을 놀리는 장난꾸러기들도 있었다.

아이들의 생각은 자유롭게, 안전과 운영 규정은 엄격하게. 이것이 바로 프랑스 유치원의 모습이었다.

엄격한 프랑스 교육은 초등학교로 이어지면서 그 진면목을 보인다. 모국어인 불어의 습득과 시민의식을 심어주기 위해 어떤 교육보다 자국어의 비중을 높이 책정하고 있다. 초등학교에서는 일주일에 10시간씩 자국어 교육을 받는다.

유치원 시기의 아이들은 잘 먹고 잘 자고 잘 노는 것이 중요하다. 그중에서도 잘 노는 것이 가장 중요하다. 그래서 유럽의 유치원은 대부분 놀이 위주로 활동이 이루어진다. 프랑스를 제외하고는 언어교육에 많은 시간을 할애하지 않았다.

특히 북유럽 유치원들은 아이들에게 숫자나 자국어를 잘 가르치지 않는다. 이것은 유아기의 아이들이 아직은 글을 배울 단계가 아니라는 판단 때문이기도 하다. 시기에 맞지 않는 교육은 아이에게 부담만 주고 그 효과는 미미하다. 가끔 공부에 탁월한 재능을 보이는 아이가 있기도 하지만 그것은 아주 소수일 뿐이며 대부분의 아이들은 그 나이 때에 맞는 학습 능력을 보인다.

　자연과 친구와 더불어 놀아야 할 유치원 연령의 아이들에게 억지로 숫자와 글자를 가르치는 것은 몸에 맞지 않는 옷을 억지로 입히려는 것과 같다. 그리고 공부를 못한다고 다그치는 것은 맞지 않는 옷을 입히면서 "왜 옷이 맞지 않는 거야!"라고 소리치는 것과 같다.

　유빈이네 집에서는 이런 일이 있었다. 6살짜리 유빈이는 숫자 6과 9를 구별하지 못했다. 엄마는 아직 어리니까 그럴 수도 있다고 이해했다. 그러나 아빠는 너무나 답답했다. 그래서 유빈이를 붙들고 이렇게 말했다.

　"너 정말 이것도 몰라? 도대체 왜 모르는 거야?"

　그러자 유빈이가 눈을 동그랗게 뜨고 울먹이며 대답했다.

　"아빠 나 싫어해?"

　6살짜리 아이가 6과 9를 이해하지 못하는 것은 있을 수 있는 일이다. 아이가 7살이 되고 8살이 되어 이해력이 조금 더 생기면 그땐 저절로 이해하게 될 것이다.

6살 아이는 모르는 것이 당연한데 아빠가 '얘는 누굴 닮아 이리 더딘지 모르겠다.'는 표정을 지으며 윽박지르자 아이는 '아빠가 날 싫어한다'고 생각한 것이다. 오랜만에 숫자 하나 가르치려고 결심했는데 관계만 망가뜨리는 꼴이다.

이럴 때는 국자를 가져와서 "국자를 거꾸로 세우면 6이었다가 9가 된단다. 신기하지?" 정도로 설명해주는 것이 좋다. 또 "사과에 꼭지가 달린 것이 꼭 6 같이 생겼네. 그렇지?"라면서 6을 이미지로 새겨주는 것이 좋다.

중요한 것은 그래도 아이가 이해하지 못한다면 그냥 넘어가야 한다는 것이다. 이렇게 설명을 해주었는데도 아이가 이해하지 못한다면 아이가 아직 숫자를 온전히 구별하기에는 조금 이르다고 판단해야 한다.

3~6세 아이들은 숫자나 글자를 아는 것보다 몸을 움직이고 친구와 어울리고 손과 발로 사물을 인지하는 것이 더 좋은 공부다. 만약 이때 아이들에게 무리한 학습을 시키면 시간은 시간대로 들고, 효과도 없고, 아이는 스트레스만 받게 된다.

초등학교에 들어가면 10분이면 이해할 것을 어린아이에게 10시간을 가르치고 부모와 아이 모두 상처를 받는 결과를 낳는 것이다. 게다가 아이가 '나는 잘 못해. 엄마랑 아빠가 나를 싫어해.'라는 마음을 품게 되면 건강한 자존감을 생성하는 데 걸림돌이 된다.

북유럽에서는 8살 전에는 글을 가르치지 않는 것을 원칙으로 삼고 상상력과 창의력, 그리고 자존감을 길러주는 데 중점을 둔다. 그래서 아이들을 마음껏 뛰놀게 한다. 이렇게 몸으로 노는 것은 아이의 몸과 마음에 긍정적인 영향을 준다. 건강한 몸과 정신을 갖게 된 아이는 오래 공부해도 지치지 않는 체력을 기르게 된다.

북유럽과 서유럽 아이들은 오후 4시에서 5시 사이에 엄마, 아빠와 함께 집으로 돌아간다. 그리고 곧바로 저녁을 준비한다. 아이들을 오후 8시 정도면 재우기 때문에 외식을 하는 경우는 거의 없다.

엄마나 아빠 중의 하나가 저녁을 준비하면 아이는 옆에서 그림책을 보거나 조금 큰 아이는 요리를 돕기도 한다. 그 나이 때의 아이가 어떤 요리를 할 수 있을까 생각할지도 모르지만 5살 정도 아이들은 필러로 당근을 깎거나 콩을 골라내는 정도의 일은 할 수 있다.

우리 같으면 "위험해서 안 돼!"라고 할 수 있는 일도 유럽의 부모들은 허용한다. 날이 날카롭지 않은 필러 정도는 아이들도 충분히 사용할 수 있기 때문이다. 함께 협력해서 무언가를 이루어낸다는 것을 중요하게 여기기 때문이기도 하다.

아이는 저녁을 먹고 나면 먹은 접시는 싱크대에 가져다 놓는다. 아이가 잠들기 전에 부모가 책을 읽어주는데, 이때 중요한 것은 아이가 원할 때까지 읽어주거나 아니면 미리 어느 정도 읽을지를 정하는 것이다. 아이가 싫어하는데 계속 책을 읽어주지 않도록 해야 한다.

어떻게 보면 유럽 유치원의 교육은 너무나 단순하다. 특별히 가르치는 것도 없고, 박물관에 가거나 현장체험을 하는 것도 별로 없다. 하지만 그 나이 때에 딱 맞는 활동을 통해서 아이들은 건강하고 똑똑하게 자라난다. 산으로 가는 길에 차를 조심하는 것, 횡단보도에서 어떻게 행동해야 하는지, 친구와 나눠 먹는 것, 스스로 음식을 먹고 먹은 것은 각자 치우는 것, 이런 것들을 배우는 것이다. 이런 과정을 통해서 아이들은 어떤 환경도 이겨낼 수 있는 강인함과 자립심을 배운다.

어떤 유치원은 교실이 아닌 숲에서 만나 온종일 놀다가 숲에서 헤어지기도 한다. 이런 것을 보면 아이들이 노는 것을 얼마나 중요하게 생각하고 있는지를 알 수 있다.

우리나라도 이제 아이 손에 들린 학원 가방을 내려놓게 하고 아이가 마음껏 놀 수 있게 배려하는 자세가 필요하다. 물론 유럽처럼 아이를 매일매일 숲으로 데려가고 함께 저녁을 만들어 먹기가 어려운 환경이기는 하다. 하지만 아이의 미래를 위해 조금 더 안아주고 조금 더 놀아주는 것은 얼마든지 할 수 있을 것이다.

아이를 키우기 힘든 환경을 탓하기 전에 아이를 가슴으로 품어줄 수 있는 기회라고 생각하고 더 다가서야 한다. 그래야만 아이는 튼튼하고 현명하게 자라 온전한 한 사람의 몫을 할 수 있을 것이다.

Q. 아이랑 놀아주는 게 좋다는 건 알지만 체력적으로 너무 힘이 들어요!

A. 책이나 매스컴을 보면 항상 아이와 잘 놀아주라고 하지만 일에 지친 엄마 아빠들이 활력 넘치는 아이들과 논다는 것은 쉽지 않은 일입니다.

사실 엄마 아빠가 1:1로 상대하면서 노는 것은 쉬운 일이 아닙니다. 맞벌이를 할 경우 더욱 시간이 없고 지쳐 있지요. 그래서 부부 간에 지혜가 필요합니다. 모든 일에는 휴식이 필요하듯 아이와 노는 것에도 휴식을 주어야 한다는 거지요. 매주말은 아니더라도 엄마와 아빠는 서로에게 휴식시간을 주고 한 사람이 아이를 전담해서 봐주는 배려가 필요해요. "오늘 하루는 아빠 혼자 등산 다녀오세요." "오늘은 엄마 혼자 쇼핑을 하든지 책을 보세요."라면서 한 달에 한 번 정도 서로에게 충전할 시간을 줘야 합니다. 그래야 정서적으로도 체력적으로도 지치지 않고 육아에 참여할 수 있습니다.

아이에게 가장 좋은 놀이 상대는 또래 친구입니다. 교사들은 놀이의 지침을 알려주고 친구와 함께 놀게 하기 때문에 수많은 아이들과 온종일을 지낼 수 있지요. 하지만 요즘 아이들은 집에서 같이 놀 또래 집단, 형제가 없기 때문에 부모가 놀아줄 수밖에 없습니다.

따라서 부모와 아이, 둘 다에게 가장 좋은 놀이의 대안은 바로 형제를 만들어주는 겁니다. 동생이 생기면 아이들은 둘이 또는 셋이 노느라 부모가 개입하지 않아도 즐겁게 놀 수 있지요.

그것이 어렵다면 생각을 바꾸면 됩니다. '놀아주는 것'이 아니라 '함께 놀자'라고 생각하는 것이지요. 피할 수 없다면 즐기라는 말입니다.

그리고 부부가 서로를 배려하며 휴식의 시간을 주고 다양한 놀이 방법도 개발해야 합니다. 요즘엔 갖가지 놀이방법을 알려주는 교육도 많이 실시하고 있으니 도움을 받으면 좋습니다. 놀이에 관한 책을 살펴보는 것도 좋은 방법입니다.

엄마와 아빠가 아이처럼 잘 먹고 잘 자는 것도 중요합니다. 동네 엄마들과 영어 교육 정보 수집할 시간에, 인터넷 쇼핑으로 교구 검색할 시간에 잠을 자거나 맛있는 과일 한 접시를 먹으며 체력을 보충하는 것이 더 좋아요. 아이 공부 때문에 진을 빼기보다 그 마음을 보충할 여유를 찾아내야 한다는 것이지요.

아이와 노는 시간에는 최대한 집중해서 마음을 읽어주면 놀이의 질은 한층 깊어집니다. 이때 놀이를 무조건 학습으로 연결시키려는 마음을 버리는 것도 중요해요.

오랜만에 아이 손을 잡고 공원이나 숲에 갈 경우를 생각해볼까요. 그럴 때 엄마들은 아이가 여기서 무엇을 배워야 한다는 강박관념에 뭐든지 알려주려고 해요. 그런데 아이들은 숲에서 피톤치드를 듬뿍 마시면서 자연 안에서 '그냥 뒹구는 것'이 더 좋습니다. 아이는 그렇게 놀면서 인지능력과 조절능력을 키워나가게 되지요.

엄마들이 아이와 흙장난을 하며 같이 놀면 아이만의 놀이가 아닌 엄마의 놀이, 엄마의 체력을 길러주는 놀이로 변신합니다. 아이가 마음껏 뛰놀도록 하는 것, 엄마도 그 놀이를 통해서 스트레스를 푸는 것이 중요하다는 것을 잊지 마세요.

엄격한 서유럽 엄마,
그리고 너그러운 북유럽 엄마

언제부터인가 파리 엄마, 영국의 베이비 위스퍼라는 말이 유행하면서 부모 중심의 서유럽 엄마들의 양육 방식이 새롭게 조명되고 있다.

미국이나 북유럽 엄마들이 자녀들의 감정을 읽어주고 대등한 관계 속에서 아이를 기른다면, 서유럽 엄마들은 다소 엄격한 규율 속에서 자녀에게 규칙과 질서를 알려주는 것을 우선시한다.

얼핏 보면 서유럽 엄마들의 교육 방식은 북유럽이나 미국식 육아에서 빠져 있는 부분을 채워주는 것 같기도 하다. 자녀를 기르다 보면 너그럽게 대해야할 때, 엄격하게 대해야 할 때가 있다. 그래서 북유럽이나 미국처럼 감정을 먼저 읽고 대화로만 다가서려 한다면 답이 보이지 않는 상황이 생길 수도 있다. 그럴 때 훈육과 질서로 대하는 서유럽의 육아법은 좋은 대안처럼 느껴지게 된다.

　서유럽 엄마의 대표 격인 프랑스의 엄마들을 살펴보자. 이곳 엄마들은 아이를 최우선 순위로 두지 않는다. 아이를 가족의 구성원으로 여기면서 아이 또한 다른 가족을 배려해야 한다고 여긴다. 앞서 설명한 나와 너의 다름을 인정하고 존중하는 똘레랑스의 성격이 가정에서도 배어나오는 것이다.

　프랑스는 사회에 불편을 끼치더라도 자신의 생각을 표현하며 살아가는 것을 당연하게 여긴다. 그래서 노동자들의 파업도 쉽게 이루어지며

그것에 불만을 가지지 않는다. 또한 개개인이 가진 개성을 존중하되 타인에게 폐를 끼치지 말아야 한다는 의식을 가지고 있다. 이런 분위기에 걸맞게 아이들도 친구와 함께 생활하며 자신의 의견을 자유롭게 말하도록 허용한다. 이를 위해 부모들은 가정에서부터 타인에게 피해를 주지 않도록 엄격하게 가르친다.

엄마 또한 아이에 매달리기 보다는 본인의 행복과 자유를 위해서 육아에 탄력성을 부여한다. 프랑스 엄마들은 아이에게 안 되는 것을 일찍 알려주고 유아 때부터 따로 재운다. 그리고 모유 수유를 꼭 해야 한다는 부담도 갖지 않는다. 오히려 체벌도 쉽게 하고 우리가 보기에는 다소 냉정하다 싶을 정도로 아이를 일찍 분리해 놓는다. 아이에게는 항상 더불어 사는 사회의 구성원으로서 해야 할 일에 대해 알려주고 자유는 제한적으로 허용한다. 프랑스 엄마들이 아이에게 가장 많이 하는 말은 '현명하게 행동해라'이다. 이 말에는 책임감과 함께 '너를 믿는다.'라는 의미도 포함되어 있다.

이처럼 프랑스 아이들은 성장 과정에 맞춰 넓어지는 틀 안에서 자유를 누리고 책임감을 느끼며 시민 사회의 구성원으로서 자란다. 그리고 정해진 시간에 정해진 양의 식사를 하고 잘못된 행동을 하면 매를 맞기도 한다. 프랑스 엄마들은 아이와 놀이터에서 함께 놀아주기는 하지만 다른 친구의 순서를 빼앗는 등의 예의에 걸맞지 않은 행동을 하면 즉시 바로잡아준다. 그리고 잘못된 행동을 하면 길에서라도 체벌을 한다.

그렇다고 해서 체벌하는 것을 대수롭게 생각해서는 안 된다. 프랑스 엄마들이 체벌을 하는 이면에는 제한된 틀 안에서의 무한대의 자유를 허용하고 있다는 것을 알아야 한다. 프랑스 엄마들은 제한된 틀 안에서 무한대의 사랑을 준다. 아이가 커 갈수록 그 폭은 넓어진다. 그리고 성년이 되면 독립시킨다.

프랑스 엄마들이 체벌을 하는 것은 제대로 된 시민의식을 심어주기 위함이다. 이를 이해하지 못하고 체벌만 눈여겨보면 이는 프랑스 엄마들을 잘못 이해하는 것이다.

서유럽이나 북유럽이나 한국이나 자녀를 사랑하고 잘 키우고 싶은 마음은 똑같다. 다만 역사와 문화의 차이로 인해 자녀를 사랑하는 방식이 다를 뿐이다.

따라서 우리는 그들의 장점만 받아들이면 된다. 북유럽에서는 자존감을 길러주는 평등한 교육을, 프랑스에서는 한 사람 몫을 제대로 해내기 위한 독립심을 받아들이면 된다. 여기에 우리나라 전통 육아법과 모성에서 방법을 찾는다면 바람직한 육아법이 탄생할 수 있을 것이다.

북유럽 초등학교,
차별이 없는 탄력있는 교육

유치원에서 신나게 놀며 체력을 다진 아이들은 초등학교에 입학해서 본격적으로 공부를 하게 된다. 그런데 북유럽의 초등학교는 우리네와 달리 정신없을 정도로 자유분방하다.

북유럽의 초등학교에서는 모든 아이들을 일률적으로 가르치는 것이 아니라 아이에 맞게 개별적으로 지도한다. 국가가 1년 동안 아이들이 배울 커리큘럼을 정해 놓으면 각 학교의 선생님들은 재량에 따라 자유롭게 그 안에서 학습 내용을 조절한다. 그리고 느리게 배우는 아이에게는 느리게, 빨리 배우는 아이에게는 빠르게 수업을 진행한다. 아이마다 학습능력이 다르다는 것을 인정하고 그에 맞는 방식으로 가르치는 것이다.

덴마크의 저학년 초등 교실은 그래서 조금 복잡하고 시끄럽다. 교실에 가만히 앉아 교사가 칠판에 적어주는 내용을 배우는 대신 다양한 교구를 이용해 편안한 분위기에서 수업이 이루어지기 때문이다. 여기에서는 아이가 교실을 돌아다녀도 특별히 제지하지 않는다. 그리고 그날 배울 것을 교사가 아이들과 상의해서 정하고 아이들이 원하는 대로 수업이 이루어진다. 그래서 아이들은 수업에 흥미를 가지고 적극적으로 참여한다. 그리고 스스로 생각하는 힘을 기르게 된다.

덴마크에서는 8학년까지는 시험도 없고 등수를 매기지 않는다. 그래서 아이들이 성적 때문에 스트레스를 받거나 열등감을 느끼지 않는다. 아이들은 다양한 수업을 통해 수학을 잘하는 아이, 그림을 잘 그리는 아이, 노래를 잘하는 아이로 인정받으며 자신의 재능을 찾아나간다. 이렇게 해서 발견된 재능은 선생님과 부모로부터 존중 받고 아이도 자신의 재능에 자부심을 갖는다.

이런 교육의 밑바탕에는 '낙오자 없는 교육', '스스로 하는 공부가 진짜 공부'라는 정신이 깔려 있다. 교육은 모두에게 평등해야 한다는 것 그리고 날마다 새로운 지식이 쏟아져 나오니 주입식 교육보다는 스스로 공부를 할 수 있는 능력을 길러내는 것이 더 좋다는 교육관인 것이다.

이곳에서는 한 선생님이 1학년부터 9학년까지 초등학교 전 과정을 함께 한다. 이러면 아이에 대해 확실히 파악할 수 있어 보다 세밀한 교육이 이루어질 수 있다는 판단 때문이다.

혹여 선생님이 아이들을 편파적으로 대하지는 않을까, 수업에 소홀히 하지 않을까 염려할 필요도 없다. 만약 선생님이 아이들을 차별하면 바로 자격이 박탈된다. 그리고 수업의 자율권이 선생님에게 있기 때문에 교사가 공부하고 노력하지 않으면 수업 자체가 이루어지질 않는다. 그래서 덴마크 교사들은 수업을 위해 열심히 공부하고, 학부모들은 교사들에게 전폭적인 신뢰와 지지를 보낸다.

핀란드도 덴마크와 조금 다르기는 하지만 자율적인 학교 수업이 이루어진다. 핀란드도 시험이나 평가가 거의 없고 아이의 성적에 따른 반 편성도 없다. 그리고 '모든 아이들에게 균등하게 기회를 제공한다.'는 정신을 갖고 있다. 또한 잘하는 아이보다 못하는 아이를 끌어올려 모두가 다함께 잘하는 것을 지향한다.

핀란드가 덴마크와 다른 점은 '복식학급'을 운영한다는 것이다. 핀란드에서는 자국어와 수학은 소수의 인원으로 편성해 수업을 진행한다. 나머지 수업은 1~2학년, 2~3학년, 3~4학년 식으로 아이들을 섞어 가르친다. 한 교실에 아이들을 섞어 두고 선생님이 이리저리 살피며 각자 수준에 맞는 수업을 함께 또는 따로 진행하는 것이다. 어찌 보면 이런 시스템이 경쟁을 불러올지도 모른다고 생각할 수도 있지만 그렇지 않다. 시험이나 상장 등이 없는 핀란드에서는 특별히 잘한다고 해서 으스댈 기회가 없기 때문이다.

핀란드 학교에서는 2~3학년이 똑같이 과학을 배우다가도 심화과정이 필요하면 다시 나눠서 수업을 진행하는 등 아이들의 상황에 맞는 수업이 이루어진다. 다소 복잡하지만 아이의 학습 능력에 맞춘 교육이기 때문에 아이들은 어려움 없이 자신의 공부를 다져나갈 수 있다.

또한 그룹별로 주제를 가지고 토론 및 발표 수업을 한다. 이를 통해 조금 더딘 아이는 모자란 부분을 채우고, 잘 하는 아이는 한 걸음 더 나아가게 만든다. 여기서도 복식학급 시스템이 빛을 발한다. 수준별 교육이 가능하기 때문에 자신의 진도에 맞는 그룹에서 친구들과 어울려 발표를 준비할 수도 있고, 진도가 늦는 친구가 있으면 가르쳐줄 수도 있다. 핀란드 아이들은 친구를 도와주고 가르쳐주는 것을 시간낭비가 아닌 당연히 해야 할 일이라고 여긴다.

복식학급에는 대개 보조교사가 있는데 보조교사는 학습이 많이 부진한 아이를 돕는다. 그리고 정규교사가 다른 아이들을 지도할 때 도움이 필요한 아이들을 지도하는 역할을 한다. 자신이 해야 할 분량의 공부를 마친 아이들은 남은 수업 시간 동안 그림을 그리거나 다른 과목의 숙제를 해도 전혀 제지를 받지 않는다.

핀란드 초등학교도 덴마크와 마찬가지로 커다란 틀의 교과 과정은 있지만 수업의 세세한 과정은 교사의 재량으로 정해진다. 교과서는 일종의 참고 교재 정도로만 여긴다. 교사는 일주일에 한 번 정도 아이들과 상의해서 주간학습계획을 세우고 아이들의 의견을 반영해 수업계획을 짠다.

핀란드는 장학사 제도가 없고 교장 선생님도 수업을 맡는 등 각 학교의 재량권이 큰 편이다. 자신을 믿어주는 정부와 학생, 학부모가 있으니 선생님들은 자부심을 갖고 최선을 다한다. 핀란드에서 선생님들은 일종의 교육 전문가로서 대접을 받는다.

유치원에서 존중과 배려 속에서 자라고, 초등학교에서 사랑 가득한 교육을 받은 아이들은 고학년이 될 수록 공부에서 빛을 발한다. 아이들은 어릴 때부터 다져진 체력과 자신감, 그리고 자존감을 가지고 스스로 공부한다.

북유럽 아이들은 이렇게 말한다.

"공부는 나를 위해 하는 것이에요. 내가 공부를 하든 말든 그건 내 자유예요."

북유럽 아이들은 고학년이 되면 자신에게 필요한 공부를 스스로 찾아서 즐겁게 공부한다. 우리가 그토록 바라는 자기주도학습의 길을 걷고 있는 것이다. 이처럼 자신을 위해 공부한 아이들은 국제학업성취도평가(PISA)에서 높은 순위를 차지한다.

국제학업성취도평가는 OECD 가입국들을 대상으로 만15세 학생들의 읽기 능력, 수학 능력, 과학 능력을 평가한다. 그리고 국가별, 문화권별로 어떤 차이가 있는지를 연구해 발표한다.

핀란드는 국제학업성취도평가의 각 부분에서 최상위 성적을 낸다. 우리나라 아이들도 과학이나 독해 부분에서 좋은 성적을 낸다. 하지만 그 속을 파고들면 조금 다른 양상을 보인다. 어떤 주제를 놓고 해석하거나 문제 풀이를 하는 것은 한국 아이들이 뛰어나지만 호기심, 이해력, 만족도 부분에서는 낮은 평가를 받는다. 공부에 매달리다 보니 성적은 좋을지 몰라도 즐겁지는 않은 것이다.

북유럽의 교실은 모두가 함께 협력하는 교실이지만 우리나라의 교실은 열등생을 가려내는 교실이다. 어느 아이가 공부를 잘 하면 주목을 받고 못하는 아이는 친구의 엄마들까지 가세해 손가락질을 해댄다.

공부가 모자라는 친구를 도와주면 겉으로는 "참 잘했구나. 그래 친구랑 함께 공부해야지"하면서도 속으로는 내 아이의 공부가 방해받았다며 속상해 한다. 그런 상황이 계속되면 아이에게 친구 도와줄 시간에 네 공부나 더 열심히 하라는 뜻을 은연중에 내비친다.

우리나라 부모들은 공교육을 믿지 못하기 때문에 학교가 끝나면 학원에 아이들을 보낸다. 그러다 보니 지나친 경쟁심을 가진 아이가 생기는가 하면, 공부에 흥미를 잃어버리는 아이도 생긴다.

이런 아이들은 공부는 나를 위한 것이 아니라 엄마를 위한 것, 엄마를 기쁘게 해주기 위한 것으로 여긴다. 그리고 청소년기가 되어도 혼자서 아무것도 하지 못하는 아이가 된다.

어릴 때는 엄마나 교사의 도움을 받아 공부를 할 수도 있다. 하지만 청소년이 되어서도 도움을 받는 것은 문제가 있다. 아이가 주도적으로 학습을 하지 않으면 어느 순간 벽에 부딪치게 된다. 그래서 우리나라 아이들이 국제학업성취도평가에서 단순한 문제풀이는 성적이 높지만, 공부를 즐기는 면에서는 낮은 평가를 받는 것이다.

북유럽의 성숙한 교육에는 성숙한 학부모와 교사가 있다는 것을 주목해야 한다. 교사들은 공고한 교권을 바탕으로 자신감을 가지고 아이들을 지도하며 학부모들은 그런 교사에게 신뢰를 보낸다. 그리고 교사들은 아이들을 가르치는 것 외에는 별다른 행정 업무가 없어 아이들 지도에 집중할 수 있다.

하지만 우리나라는 교권이 땅에 떨어진 지 이미 오래 되었다. 어떤 학부모들은 좋은 선생님, 참교사가 없다고 한탄하지만, 대부분의 교사들은 심성이 곱다. 참교사는 선생님 혼자 노력한다고 되는 것이 아니다. 학부모의 도움과 신뢰가 절대적으로 필요하다.

이런 일이 있었다. 아이가 수업 시간에 말썽을 부려 선생님께 주의를 받았다. 아이는 혼난 것이 억울해서 집에 가 엄마에게 일렀다. 엄마는 아이의 말을 듣고 선생님이 너무한다는 생각이 들었다.

그런데 여기서 주목해야 할 것은 아이들의 말을 곧이곧대로 들어서는 안 된다는 것이다.

엄마들에게 강의를 할 때 내가 묻는 말이 있다.

"어머니, 아이들이 집에서 거짓말 해요, 안 해요?"

"해요!"

엄마들은 아이들이 집에서 거짓말도 잘 하고 자기가 상상한 것을 사실처럼 믿기도 하며 자기가 유리한 대로 부풀려서 말한다는 것을 알고 있다. 그런데 선생님과 문제만 생기면 엄마들은 선생님께 달려가 이렇게 말한다.

"우리 애는 거짓말 하는 애가 아니에요. 선생님도 아시잖아요. 얘가 친구가 괴롭혀서 뭐라고 했는데 선생님이 자기만 혼냈다는데요. 사실을 말해도 들어주지 않으셨다고요. 그게 정말이에요?"

상황을 제대로 파악하려면 무조건 아이의 말만 믿어서도 안 되고 선생님께 달려가 다그치듯이 말해도 안 된다. 아이가 주의를 받았다면 이유가 있을 것이고 그것이 정도가 지나치다고 느껴진다면 의당 예의를 갖추어 선생님과 상담을 해야 한다.

북유럽은 우리 눈으로 보면 너무나 부러운 환경을 가지고 있다. 적은 학생 수, 노력하는 교사, 탄력적인 교육 등이 부럽기는 하지만 우리 현실에 지금 당장 학급 인원수를 줄일 수는 없는 노릇이다. 하지만 생각은 달리할 수 있다. 아이를 무조건 다그치는 대신 아이의 학습 능력을 파악해 좋아하고 잘하는 부분을 길러주고 선생님에 대한 신뢰를 회복하는 것이다.

북유럽의 교육은 국가가 지원하고, 학교는 자율권을 가지고 교육 형식을 정하며, 선생님은 사랑으로 아이들을 지도하고, 학생은 공부를 즐기며, 학부모는 그런 체계를 신뢰하는 완벽한 시스템이다. 이런 시스템은 하루아침에 이루어지는 것이 아니다.

하지만 이대로 포기하고 우리식만 강요할 수는 없는 노릇이다. 아이가 지금과 같은 환경 속에서도 주도적으로 공부하고 인생의 주인이 될 수 있도록 하는 방법은 얼마든지 있기 때문이다.

Q. 혼자서는 아무것도 하지 않으려는 우리 아이, 주도성이 너무 없어요!

A. 엄마가 아무리 아이의 주도성을 길러주려고 해도 아이가 따라오지 않으면 실망을 넘어 절망을 하게 됩니다. 엄마가 없을 때는 혼자 곧잘 해내던 일도 엄마나 아빠가 지켜보고 있으면 "해주세요."라고 말하면서 손을 놔버리는 일도 흔합니다.

그런데 우리 엄마들이 한 가지 알아야 할 것이 있습니다. 아이들을 무조건 순수하고 착하다고 여겨서는 안 된다는 겁니다. 아이는 생존본능 때문에 가정에서 가장 강한 사람, 유치원이나 학교에서 권력을 가진 사람을 귀신처럼 찾아냅니다. 그리고 권력자에게 잘 보이기 위해 자신의 아이다움을 이용하기도 합니다. 주희는 혼자서 신발도 신을 줄 알고 책가방도 챙길 줄 압니다. 동화책도 혼자 읽을 수 있습니다. 그런데 엄마만 보이면 "엄마, 나 이거 못해. 엄마가 해줘"하면서 생글생글 웃습니다. 이럴 때는 "네가 할 수 있잖아!"라고 윽박지르지 말고 아이가 원하는 것을 일단 해주는 것이 좋습니다. 아이는 사랑받고 싶은 마음을 표현하는 것이니까요. 그러면서 "엄마는 주희가 혼자서 옷을 잘 입을 수 있다고 생각해. 그런 멋진 모습을 보여주는 것은 어떨까?"라고 말하면 아이에게 동기유발이 되어 스스로 하게 됩니다. 그리고 스스로 하는 일이 늘어나다 보면 자신감도 커집니다.

또한 성향 자체가 소심하고 주도성이 없는 아이들도 있습니다. 이런 아이들은 어느 정도 성장하기까지 부모에게 의지해야만 하는 아이들입니다. 그런데 이런 성향을 파악하지 못하고 엄마가 "이젠 혼자 할 때도 됐는데 왜 못하니?"라고 소리를 지른다면 아이에게는 정말 커다란 상처가 됩니다. 소심하고 내향적인 아이들은 어느 정도 기다려 주는 것이 필요합니다.

소심한 아이의 주도성을 길러주기 위해서는 아이가 "엄마, 초콜릿이 나무에 열렸으면 좋겠어요."라고 말할 때 "너는 말도 안 되는 소리를 하고 그러니?"보다는 "초콜릿 나무가 있으면 어떤 것이 좋을까?"라고 맞장구치며 적극적으로 함께 해줘야 합니다. 아이는 그 말 한 마디를 하기 위해 정말 오랜 시간 생각하고 말한 것이니까요. 그리고 아이가 어딜 가자든가, 뭘 해보자거나 그럴 때 "그래! 참 좋은 생각이구나!"라고 하면서 반응을 해줘야 합니다. 그렇게 해서 긍정적인 경험들이 쌓이면 아이의 주도성이 훌쩍 자라나게 됩니다.

유치원에서 아이들을 데리고 소풍을 가면 얼마나 줄도 잘 맞추고 씩씩하고 질서도 잘 지키는지 모릅니다. 그런데 엄마가 아이를 데리고 외출을 할 때는 상황이 달라집니다. "엄마, 나 다리 아파요!"라면서 업어 달라고, 안아 달라고 어리광을 부립니다. 정말 다리가 아파서 그런 것이 아니라 엄마가 그동안 해줬으니까, 조르면 해준다는 것을 아니까 그런 말을 하는 겁니다. 이럴 때 아이를 야단치거나 무조건 해주는 대신 "혼자서 할 수 있어", "믿어"라고 지속적으로 긍정적인 반응을 보여주어야 합니다. 그러다 보면 아이는 엄마의 믿음에 부응하기 위해서라도 주도적인 모습을 보여주게 됩니다.

주도성이 없는 아이들은 칭찬 받고 싶고 관심 받고 싶은 욕구가 크다는 것을 잊지 말아야 합니다. 그럴 때는 아이와 많은 것을 함께하면서 칭찬을 통해 주도성의 영역을 넓혀주면 됩니다.

창의력과 개성이 쑥쑥 자라는
북유럽의 방과 후 학교

우리나라 아이들은 방과 후 곧장 학원으로 직행한다. 운동이나 취미 활동을 하러 가기도 하지만 대부분 영어나 수학학원으로 가서 모자란 공부를 보충한다. 그렇다면 북유럽 아이들은 방과 후를 어떻게 보낼까? 고학년 아이들은 혼자 집으로 돌아와 시간을 보낼 수도 있지만 부모의 보살핌이 필요한 저학년 아이들은 그러기 어렵다.

그래서 저학년 아이들은 오후 2시가 되면 방과 후 교실로 넘어간다. 학교에 마련된 방과 후 교실은 일반적인 교실 분위기가 아닌 가정집 같은 분위기로 전문적인 교육을 받은 특별 교사가 담당한다. 방과 후 교실에서는 정규 수업이 없다. 비디오를 보기도 하고 선생님과 쿠키를 굽기도 하고 바닥에 누워 뒹굴 거리기도 한다. 무엇이든 아이가 하고 싶은 것을 하면서 노는 것이다.

아이가 책을 읽고 싶은데 교사의 도움이 필요하다거나 궁금한 것이 있으면 그때 선생님이 개입해서 아이에게 필요한 것을 해준다. 정규 교실에서 수업이 빨리 끝난 아이는 2시가 되기 전에도 올 수 있다.

고학년 아이들은 학교에서 떨어진 클럽으로 간다. 이곳 역시 가정집과 같은 분위기다. 저학년의 방과 후 교실과 다른 점이 있다면 목공과 미술, 재봉, 요리, 음악, 운동, 외국어 등 보다 전문적이고 심도 있는 활동을 할 수 있게 꾸며 놓았다는 것이다. 고학년 아이들은 여기에서 운

동을 하기도 하고 그림을 그리기도 하는데 대부분의 아이들이 클럽 활동을 주2~3회 정도 한다. 관심은 있지만 학교에서 배우기 힘든 것들을 이곳에서 배우는 것이다.

이곳은 오후 5시까지 운영되며 전문분야를 전공한 선생님들이 각자의 반을 맡아 이끌어가고 있다. 아이들은 여러 가지 분야를 자유롭게 넘나들면서 배울 수 있다. 비용은 아이의 연령에 따라 다르지만 정부에서 한 달에 14만 원 이하로 받도록 정해놓고 있다.

방과 후 교실에서 즐겁게 놀던 저학년 아이들은 고학년이 되면 클럽에 가서 자기가 좋아하는 일, 궁금했던 일을 배우고 익히며 친구들과 어울려 지낸다. 그리고 공예나 제빵 등을 통해 만든 작품을 1년에 한번 정도 바자회에 내놓아 학부모들에게 판매를 하기도 한다. 물론 아무것도 만들지 않고 그냥 롤러스케이트를 타거나 수영을 하기도 한다. 그리고 밴드 활동 등을 통해 음악적 재능을 키워나가기도 한다. 눈에 보이는 결과가 없다고 해서 아이들이 아무것도 하지 않는 것은 아니다. 아이들은 이곳에서 몸을 단련하고 친구들과 어울리는 활동을 통해 자연스럽게 창의력과 집중력을 기른다. 그리고 클럽활동은 정말로 자신이 좋아하고 체질에 맞는 일이 무엇인지 찾아나가는 데에도 큰 도움을 준다.

아이들은 자기가 좋아하는 것을 할 때 놀라운 집중력을 보인다. 산이나 들에 내어놓고 아이를 놀게 하면 개미 한 마리를 가지고서도 얼마나 오랜 시간 노는지 알 수 있다. 아이들은 그런 놀이를 통해서 호기심을 키우고 호기심은 곧바로 학습 의욕으로 이어진다. 스스로 공부하는

아이가 되는 것이다.

아이에게 음악을 가르치고 싶다면 학원에 보낼 수도 있다. 하지만 아이가 스스로 좋아하고 집중할 때까지 기다려 주는 것이 더 좋다. 방과 후 교실과 클럽은 학원과 달리 아이들의 특징과 개성을 살려 스스로 놀고 탐색하고 즐길 수 있게 배려한다.

우리나라도 방과 후 교실이 운영되고 있다. 초등학교의 방과 후 교실에서는 갖가지 활동과 교육이 이루어진다. 그런데 엄마들은 방과 후 교실 외에도 운동이나 예술 활동 등을 위해 학원에 보내기도 한다.

빠듯한 생활비를 쪼개서 아이에게 피아노 학원이며 바이올린 학원을 보냈는데 아이가 제대로 하지 못하면 처음에는 기다려보자 하면서도 시간이 지날수록 마음이 상한다. 우리 아이는 왜 옆집 아이처럼, 김연아처럼 다부지지 못할까 화가 나는 것이다. 마음이 상한 엄마는 아이에게 가시 돋친 말을 쏟아낸다.

"옆집 애는 너랑 똑같이 시작했는데 더 잘하더라. 너는 왜 못하니? 김연아 보면 뭐 느끼는 거 없어? 걔는 얼마나 연습을 많이 했는데!"

아이가 이제 막 바이올린에 재미를 붙여가기 시작하는데 엄마가 이런 소리를 하면 바이올린에 오만 정이 떨어지기 쉽다. 결국 이것 조금 저것 조금 하다가 뭐 하나 제대로 배워보지도 못한 채 그만두고 만다.

아이들을 잘 키우는 방법은 밥을 잘 짓는 방법과 비슷한 점이 많다. 밥을 잘 지으려면 불을 조절해서 밥을 익히고 뜸을 들여야 한다. 불이 너무 약하면 십 년이 지나도 밥이 되지 않는다. 처음에 불을 세게 했다가 서서히 줄여야만 밥이 제대로 된다. 이처럼 일정한 시간 동안 강하게 불을 켜주는 것이 오감을 통한 몰입이다. 그래서 아이가 몰입을 제대로 느낄 수 있는 유년 시절에는 아이의 생각에 따라 충분히 몰입할 수 있도록 배려하고 기다려주어야 한다.

아이들은 각종 특별 활동이나 운동을 통해서 몰입을 느끼고 오감을 활짝 연다. 그런데 매일 오감을 누리는 아이와 어쩌다 오감을 누리는 아이는 성장의 결과가 많이 다르다. 북유럽 아이들은 방과 후 교실이나 클럽을 통해 오감을 더욱 발달시킨다. 그래서 국제학업성취도평가에서 높은 평가를 받는 것이다. 유럽의 아이들은 오감을 여는 시기에 충분히 존중 받기 때문에 아무런 조바심 없이 자신의 인생을 다져나가게 된다.

아이를 위해서 해줄 수 있는 것은 모두 해주고 싶은 마음은 세상 어느 부모나 똑같다. 중요한 것은 그 나이에 맞는, 아이의 개성에 맞는 교육을 제공해야 한다는 것이다. 무조건 내 욕심에 맞춰, 옆집 아이와 비교하며 조바심을 내는 것은 아이를 망치는 지름길이란 것을 깨달아야 한다.

덧붙이는 글, 덴마크의 애프터스쿨

아이의 개성과 감성을 존중하는 덴마크에서는 초등학교와 고등학교 사이에 특별한 애프터스쿨이 있다. 우리나라의 초·중등학교에 해당하는 초등학교를 졸업하면 아이들은 직업학교를 갈 것인지 인문계 고등학교를 갈 것인지 선택해야 한다. 덴마크의 애프터스쿨은 이를 보류하고 1년 동안 집을 떠나 자유롭게 생활하는 것을 말한다.

이제 막 사춘기에 접어든 아이들이 자신의 진로를 쉽게 결정하지 못하는 것은 당연하다. 그런 아이들을 위해 기숙학교에서 신나게 놀고 체험하는 커리큘럼을 제공한다. 아이들은 이곳에서 일체의 교육 없이 음악, 연극, 미술, 공예, 요리 등을 하거나 신나게 춤추고 노래하는 일상

을 보낸다.

교사들은 아이들과 함께 길거리에서 퍼포먼스를 하기도 하고 캠핑을 하기도 하며 사춘기를 맞아 방황하는 시기를 함께한다. 그 과정을 통해서 아이들은 자기 삶에서 중요한 것이 무엇인지, 다른 사람과 공동체를 이룬다는 것이 무엇인지, 나는 누구인지를 생각하고 깨닫게 된다.

애프터스쿨은 덴마크 청소년 중 30% 정도가 선택하는데 학부모는 자녀가 애프터스쿨에 가는 것을 환영한다고 한다. 인생이란 긴 시간을 두고 볼 때 청소년기에 자신을 돌아보고 에너지를 발산하는 1년이 결코 아까운 시간이 아니라는 것이다.

애프터스쿨은 자신의 삶을 결정할 수 있는 권리와 방법을 가르쳐주는 학교이다. 많은 아이들이 이 애프터스쿨을 통해 사춘기의 방황대신 건강한 인생설계의 바탕을 다지게 된다. 애프터스쿨은 모두 사립이지만 정부에서 50%를 지원해준다.

Q. 아이의 개성을 찾아주기 위해 많은 노력을 하는데 아이는 반응이 없어요!

A. 6살 동준이 엄마가 어느 날 상담을 요청했습니다. 오전반에 다니고 있는 동준이를 종일반에 보내고 싶다는 것이었습니다.

"어머니, 직장에 나가게 되셨나 봐요?"

"아니요, 그게 아니라 동준이가 원해서요."

동준이는 유치원이 끝나면 도서관으로 체육관으로 끌고 다니는 엄마가 귀찮아서 종일반에 나가고 싶다고 합니다. 유치원에 있으면 친구들과 놀 수 있는데 집에 가면 엄마가 이것저것 공부를 시키면서 좋아하는 것을 찾아보라고 하기 때문입니다.

아이는 3세가 넘으면 친구들과 함께 놀면서 사회성과 조직력을 기릅니다. 그리고 놀이를 통해 자신이 좋아하고 잘하는 것을 찾아가게 됩니다. 그런데 요즘 엄마들은 아이의 개성을 찾아준다면서 지나치게 이것저것을 시키는 경향이 있습니다. 아이는 엄마의 노력에 부응하기는커녕 심드렁한 반응을 보입니다. 왜 그럴까요?

그것은 부족한 것을 모르기 때문입니다. 엄마들의 어린시절을 생각해보십시오. 피아노 한 대를 갖기 위해서 부모님을 조르고 졸라 몇 년을 기다린 끝에야 피아노를 가질 수 있었을 겁니다. 그때 그 피아노가 얼마나 소중했습니까? 자다가도 일어나 이게 정말 내 피아노인지 만져볼 정도로 소중하지 않았나요? 나의 바람으로, 기다림으로 얻었을 때 그 가치가 빛을 발합니다. 하지만 부족함이 없고, 주변의 바람으로 얻은 것은 아무리 좋은 것이라도 가치가 없습니다. 아이들도 마찬가지입니다. 부족할 때, 갈급할 때 지적인 배고픔이 생겨나는 것입니다.

엄마들이 아이에게 이것저것 시키는 이유를 곰곰이 생각해 보십시오. 아이의 장래를 위해서라기보다는 옆집 아이와의 비교 때문이 아닙니까? 그런 마음으로 아이에게 이것저것 시키는 것은 약보다는 독이 되는 것임을 깨달아야 합니다.

아이의 개성을 찾아주기 위해서는 기다림이 필요합니다. 아이의 개성은 스스로 찾아야 하기 때문입니다. 그러니 불안하더라도 아이의 판단에 맡기시길 바랍니다.

이것저것 시키는 엄마가 귀찮아서 엄마를 피하는 아이, 동준이 같은 아이가 유치원에 너무나 많습니다.

스스로 공부의 왕도를 걷는 북유럽 아이들

북유럽은 영어가 모국어가 아니다. 그런데 필자가 북유럽을 여행하면서 느낀 것은 많은 사람들이 영어를 능숙하게 구사한다는 것이었다. 유치원장, 교사, 슈퍼마켓 직원 등 이곳저곳에서 만난 많은 사람들이 능숙하게 영어를 사용했다. 그래서 이 나라들이 특별한 영어 교육을 시키나 알아보니 그것도 아니었다. 그냥 학교에서 가르쳐주는 것을 배운 것이 전부였다.

우리는 영어를 가르치기 위해 한글도 모르는 아이에게 알파벳을 읽어주고 학원에 보낸다. 그것도 부족하다고 생각하는 부모들은 조기유학을 보낸다. 그런데 북유럽 부모들은 학교에 아이들을 맡기는 것만으로도 최고의 효과를 누리고 있었다. 정말 부러운 일이 아닐 수 없다.

북유럽 부모들은 어떻게 이런 효과를 누릴 수 있는 것일까? 그 비밀은 바로 조기교육이 아닌 적기교육에 있다.

북유럽 아이들은 초등학교에 가기 전에는 자국어를 배우지 않는다. 실제로 유치원을 탐방했을 때 자국어를 모르는 아이들이 많이 있었다. 그것은 8세 이전 아이들은 아직 언어를 배우는 능력이 충분히 발달되지 않았다는 판단 때문이다. 그리고 그것은 사실이기도 하다. 우리나라가 8세에 초등교육이 실시되는 것도 다 이런 성장단계를 고려한 것이다.

아이는 8세가 되면 듣고 말했던 언어를 글로 쓰고 논리 있게 구성할 수 있는 능력을 갖추게 된다. 그래서 북유럽에선 초등 1학년부터 3학년까지 자국어를 철저하게 학습시킨다. 읽고, 쓰고, 작문하는 법 등을 종합적으로 가르쳐 아이가 자국어를 확실하게 쓰고 말할 수 있도록 교육시키는 것이다. 아이들은 적기에 교육을 받기 때문에 스펀지처럼 쏙쏙 자국어를 흡수하며 공부에 대한 스트레스도 받지 않는다. 그동안 그림책으로만 보았던 것을 읽고 쓸 수도 있으니 얼마나 신이 나겠는가. 이렇게 언어에 재미를 느껴야 외국어 학습에 도움이 된다. 자국어를 통해 만들어진 언어적인 감각은 외국어를 배우는 데 큰 도움을 준다.

3학년이 되면 영어 교육이 시작되는데 무조건 영어로 수업을 하지는 않는다. 자국어로 수업을 하다가 자연스럽게 영어도 섞어 쓰고 모르는 단어는 그때그때 선생님이 알려준다. 가령 이런 식이다.

"안녕, 얘들아. 오늘은 날씨가 어떠니?"

"Good morning. The weather is 좋아요."

선생님이 영어로 물었다고 꼭 영어로 대답할 필요는 없으며 자국어로 물어도 아는 단어는 영어로 대답할 수 있다. 자기가 아는 만큼 말하고 그것을 부끄럽게 생각하지 않기 때문에 선생님과 아이들은 자유롭게 대화를 나누고 모르는 것은 보충한다.

핀란드의 경우 영어 수업은 핀란드 선생님이 진행한다. 자국어를 모르는 원어민 교사보다 자국어를 아는 선생님이 더 낫다는 이유에서다. 원어민 교사와 의사소통이 잘 되지 않으면 아이가 콤플렉스를 갖기 쉽고 거부감을 느낄 수도 있다.

핀란드에서는 읽기나 말하기보다 쓰기에 집중하는 영어 교육을 시킨다. 교사는 미리 준비한 자료를 아이들에게 나눠주고 아이들은 그림을 보고 생각한 후 문장을 쓴다. 그리고 그룹을 이뤄 각자 쓴 문장을 토대로 하나의 이야기를 만들어본다. 토론식 수업과 협력 수업을 영어에도 적용하는 것이다. 선생님은 중간 중간에 잘못된 부분을 고쳐주고 잘 이해하지 못하는 아이들을 돕는다.

아이들이 이야기를 완성하면 그것을 바탕으로 발표도 하고 대화도 한다. 그러니까 영어 수업의 바탕은 작문에 있는 것이다. 이렇게 일주일에 2~3시간 교육을 받은 아이들은 대학에서 에세이도 어렵지 않게 쓸 수 있으며 읽고 말하는 것에도 불편함을 느끼지 않는다.

북유럽 교육의 또 다른 특징이라고 할 수 있는 독서 교육에 대해서도 알아보자. 북유럽 부모들은 아기가 어릴 때부터 책을 읽어준다. 하지만 과도하게 하진 않는다. 3세 이전의 아기들은 집중력이 거의 없는

데 책이 좋다는 이유로 억지로 많이 읽어주게 되면 아이는 자폐 성향을 가지기 쉽다.

부모와 스킨십을 하고 자연을 보아야 할 나이에 책을 과하게 읽게 되면 아이는 자신만의 세계에 빠지기 쉽다. 그리고 유치원에 가서 친구와 어울리는 것이 귀찮고 어렵게 느껴져 친구를 멀리하게 된다. 그러다 보면 정상적인 아이도 후천적인 자폐 성향을 갖게 되고 바로잡기가 힘이 드는 것이다. 그러므로 3세 이전의 아기에게 책을 읽어 줄 때는 적절한 시간 배분과 감정 전달에 신경을 써야 한다.

책을 읽어주는 것은 재미있는 이야기를 들려주는 것만이 목적이 아니다. 엄마나 아빠가 너와 지금 시간을 보내고 있고 이 시간이 무척 행복하다는 것을 알려주는 것이기도 하다.

독서가 즐겁고 사랑스러운 시간이라는 것을 인지한 아이들은 자라면서도 책을 좋아하게 되고 친구처럼 여기며 가깝게 하게 된다.

북유럽에서는 아이가 어릴 때는 잠자리에서 10분~30분 정도 책을 읽어주며 스스로 책을 찾아보게 한다. 도서관이 많은 북유럽에서는 주말에 부모가 도서관에서 아이와 함께 시간을 보내는 경우가 많다. 북유럽의 도서관들은 놀이기구 등을 마련해 아이들이 즐겁게 이용할 수 있도록 해놓았다.

우리나라 엄마들은 추천 도서 목록에 의지해 아이에게 억지로 책을 떠안기는 경우가 많다. 이것은 아이가 독서 능력을 기르는 데 도움이 전혀 안 된다. 아이가 독서에 흥미를 갖도록 하기 위해서는 부모가 책을 읽는 모습을 자주 보여주고 함께 도서관도 다녀야 한다. 이를 통해 독서가 행복하고 즐거운 것이라는 인식을 심어줘야 아이들이 독서에 흥미를 갖는다.

그리고 권장 도서에 너무 얽매일 필요도 없다. 엄마가 보기에 별로 권하고 싶지 않은 책이라도 아이가 흥미를 보이면 함께 읽으면서 상상의 세계를 여행하는 것이 좋다.

독서는 수준 높은 두뇌 활동이다. 따라서 풍부한 독서를 하게 되면 두뇌 회전이 빨라지고 문제해결능력도 높아진다. 책을 많이 읽은 아이들은 초등학교 저학년 시절에는 성적이 잘 나오지 않아도 학년이 올라 갈수록 좋아지는 경우가 많다. 독서를 통해 생각과 마음, 이해력이 커 지기 때문이다.

북유럽 아이들은 어릴 때부터 책을 가까이하는 습관을 들이기 때문 에 성인이 되어서도 책을 사랑한다. 그리고 책을 사랑하는 모습을 자녀 들에게 물려줄 수 있게 된다. 수준 높은 교육이 자연스럽게 대물림되 는 것이다.

북유럽 아이들은 겉으로 보기에는 아무것도 안 하고 무조건 노는 것 같아 보이지만 사실은 그 나이에 맞는 적절한 교육을 받고 있다. 우리 는 조기교육이라고 하면서 이제 막 걸음마를 뗀 아이들에게 한글을 가 르치고 영어 학원으로 내몬다. 반면에 북유럽 아이들은 존중과 배려를 받으며 청소년기에 잠재력을 꽃 피울 수 있는 능력을 키워나가고 있는 것이다.

북유럽의 아이들을 보며, 과연 사랑하는 내 아이에게 필요한 것이 무엇인지를 생각해보게 된다. 나는 내 아이에게 적기교육을 시키고 있 는 것일까, 아니면 엄마의 욕심으로 조기교육을 시키고 있는 것은 아닐 까, 하고 말이다.

Q. 아이가 또래에 비해 너무 늦됩니다.
조기교육은 고사하고 발달장애가 아닐까 걱정돼요!

A. 가희는 또래 아이들에 비해 말이 늦고 학습능력이 떨어졌습니다. 1년을 지도하면서 가희를 지켜본 결과 여섯 살 반에 올라가는 게 부적합하다고 판단했습니다. 여섯 살 과정으로 가면 가희에게는 부담스러운 커리큘럼에 참여해야 하고 그러면 아이가 마음에 상처를 입게 되어 또래와 어울리지 못할 가능성이 컸기 때문입니다. 그래서 가희 어머니를 만나 이런 상황을 말씀드리게 됐습니다.

"어머니, 가희는 다섯 살 반을 1년 더 하는 게 좋을 것 같은데 어떻게 생각하세요?"

그랬더니 가희 어머니는 눈물을 뚝뚝 흘리면서 아무 말도 하지 못했습니다. 자신의 아이가 또래들과 똑같이 성장하지 못한다는 게 가슴이 아팠던 거지요. 하지만 가희 어머니는 굉장히 현명한 분이었습니다.

"원장님, 그렇게 하겠습니다. 우리 가희 잘 부탁드립니다."

가희는 선생님과 엄마의 지지 아래 다섯 살 반을 1년 더 하게 되었습니다. 천천히 자라는 아이였던 가희는 다섯 살 반에서 조금씩 자신의 성장 속도를 키워나갈 수 있었고 마음의 상처 또한 받지 않았습니다. 지금은 아무런 문제없이 초등학교에 다니고 있습니다.

만약 가희 어머니가 아이의 상황을 인정하지 못하고 억지로 여섯 살 반에 넣었다면 어떻게 됐을까요? 아무런 문제없이 따라갔을 수도 있지만 상처를 입고 대인관계에 거부감을 나타낼 수도 있었을 것입니다.

이렇게 아이마다 성장의 속도는 다릅니다. 지금은 천천히 자라지만 나중에 훨씬 앞서나가는 아이가 될 수도 있습니다. 마치 대나무가 땅속에서 5년을 숨어 있다가 세상에 나와 어느 나무보다 쑥쑥 커가는 것처럼 말이지요.

요즘 부모님들은 아이를 마치 재단한 옷처럼 여기는 경향이 있습니다. 몇 살에는 뭘 해야 하고 이때쯤엔 당연히 뭘 해야 한다고요. 하지만 이것이 아이에겐 해가 되는 경우가 많습니다.

통계는 참고만 해야 합니다. 아이에게 가장 좋은 것은 부모가 아이를 믿고 기다리는 것이라는 걸 잊지 말아야 합니다.

스스로 선택을 하고 자란 아이는 스스로를 책임집니다

영아 시기부터 청소년기까지 유럽 아이들은 부모와 교사들이 정해준 한계 안에서 마음껏 자유를 누린다. 그리고 뭐든지 스스로 할 수 있도록 훈련을 받으며 자라난다.

지금까지 유럽 교육법을 소개하면서 자주 언급했던 말이 있다. 아이의 '선택'이 '존중' 받는다는 것이다. 유럽 아이들은 스스로 선택하고 그것을 즐기며 그것에 대한 책임도 스스로 진다.

아이들이 손을 자유롭게 쓸 수 있는 유치원 시기가 되면 옷 입기와 벗기, 밥 먹기, 간단한 간식 만들기 등을 스스로 하고 부모의 가사도 돕는다. 이를 통해 자립심이 강한 아이, 독립적인 아이, 자기 인생의 주인이 되는 아이로 성장한다.

이렇게 키우는 데 특별한 방법이 필요한 것은 아니다. 예를 들어 저녁을 준비할 때 엄마가 계란 프라이를 하려고 하면 아이들이 해보고 싶어 할 때가 있다. 그럴 때 대부분의 엄마들은 "기름 튀고 위험해. 식탁에 앉아 있어. 엄마가 해줄게"라고 말을 한다. 엄마가 아이를 말리는 것은 위험하기 때문이기는 하지만 아이에게 계란 프라이를 안전하게 부칠 수 있는 방법을 알려주고 스스로 만들어보게 해보자. 그러면 아이는 스스로 무언가를 해냈다는 자부심을 가질 수 있게 될 것이다.

그래서 유럽 부모들은 조금 시간이 걸리더라도, 조금 귀찮더라도 아이 스스로 무엇이든 선택하고 경험하게 한다. 오히려 집안일을 조금이라도 돕도록 강권하는 분위기까지 있다. 아이가 가족 구성원으로서 한 사람 몫을 제대로 해내도록 하기 위해서이다.

유럽 가정에서는 아이는 무조건 돌봄을 받아야 하는 약한 존재, 부모는 무조건 주어야 하는 존재라고 생각하지 않는다. 그래서 아이의 성장에 맞춰 선택의 폭을 넓혀주고 가사일도 분담시키며 선택에 대한 책임은 스스로 지도록 한다.

이런 과정을 거쳐 자란 유럽 아이들은 19세가 되면 자연스럽게 독립을 하고 부모의 간섭 없이 살아간다. 부모들 역시 아이들이 독립하는 것을 당연하게 생각한다. 유럽 청년들은 혼자서 생각하고 선택하는 것을 어릴 적부터 훈련 받았고 집안일에도 능숙하기 때문에 큰 어려움 없이 자신의 인생을 개척해 나간다.

우리는 아이를 나의 '분신'으로 생각하기 때문에 다 커도 독립시키지 못한다. 유럽 부모들 역시 아이들을 자신만큼 아끼고 사랑한다. 그러나 유럽 부모들은 아이를 하나의 인격체로 생각하기 때문에 사회에서 한 사람 몫을 할 나이가 되면 마땅히 품에서 떠나보낸다.

어느 것이 좋다, 나쁘다 말할 수는 없다. 하지만 우리나라 아이들이 어릴 때부터 부모에게 휘둘려 주체적으로 생각하고 선택하는 법을 배우지 못하는 것은 깊게 고민해 봐야 할 문제다.

우리나라 부모들은 아이들에게 이런 말을 잘한다.

"엄마 아빠가 시키는 대로 해. 부모 말 잘 들으면 자다가도 떡이 생겨."

"어른이 말씀하시는데 말대꾸하지 말고 나서지 마."

여기에 공부라는 옵션이 추가되면 이런 말을 한다.

"넌 공부만 하면 돼. 다른 건 신경 쓰지 마."

이렇게 자란 아이들은 성인이 되어서도 엄마가 정해주는 대학과 전공을 선택하고 결혼할 때까지 아이 취급을 받는다. 부모는 아이가 성인이 됐는데도 육아에서 벗어나지 못한 채 모든 것을 희생한다. 심지어 결혼 후까지 경제적, 정신적 지원을 해준다. 부모들은 이것을 사랑이라 여긴다.

오늘날 에코맘들은 아이의 인생과 마찬가지로 내 인생, 부부의 인생도 중요하게 여긴다. 그렇다면 아이들이 독립적이고 현명하게 살아갈 수 있도록 사랑하는 방식을 다시 배우고 바꿀 필요가 있다.

아이를 사랑한다면 떠나보낼 줄도 알아야 한다. 꼬물대던 아이가 스스로 걸어서 어린이집에 갈 때, 책가방을 메고 학교에 갈 때 어쩐지 나와는 멀어지는 것 같아서 눈물이 났다는 엄마들이 많다. 하지만 아이가 어린이집에 가고 학교에 가는 것은 아이의 인생을 위해서 꼭 필요한 과정이다. 정말로 아이를 사랑한다면 내 품을 떠나 보다 넓은 세계로 나아갈 수 있도록 해야 한다.

Q. 우리 아이는 거짓말을 밥 먹듯이 하고
뭐든지 남 핑계를 대요.

A. 아이들의 거짓말은 어른들의 거짓말과 사뭇 다릅니다. 아이들은 꿈이나 상상을 현실처럼 느끼는 경향이 있기 때문입니다. 그래서 자기가 생각한 것이 실제처럼 느껴져서 엄마에게 그대로 이야기했다가 혼나는 일이 종종 있습니다.

프랑스 소설《좀머 씨 이야기》를 보면 주인공 남자아이가 날고 싶어서 언덕에서 옷자락을 넓게 펴고 전속력으로 뛰어가는 장면이 나옵니다. 아이는 자기가 비행기처럼 날 수 있다는 것을 믿어 의심치 않습니다. 물론 아이가 나는 일은 벌어지지 않습니다. 그럼에도 아이는 계속 날 수 있다고 믿으며 언덕을 뛰어다닙니다.

아이들의 호기심과 순수함은 아이를 건강하게 자라게 하는 동력입니다. 상상력이 풍부한 아이는 좀머 씨의 소년처럼 바람이 좀 세게 느껴지는 것을 가지고 마치 날았다고 여길 수도 있습니다. 그리고 그 사실을 부모님께 이야기해서 혼날 수도 있지요.

거짓말을 잘 하는 아이들은 감수성과 예술적 기질이 뛰어난 경우가 많습니다. 그래서 작은 일도 크게 느끼고 잘 울고 웃습니다. 그러니 아이가 지금 현재 거짓말을 잘한다고 해서 너무 고민할 필요는 없습니다. 그 대신 '우리 아이가 감수성이 풍부하구나.'라고 생각하십시오. "차라리 귀신을 속여라, 어디서 엄마를 속여?"라고 하면서 아이를 다그치는 것은 좋지 않습니다. 아이의 거짓말에 차분히 대처하면서 상상과 현실을 구분해주는 것이 필요합니다.

간혹 상상이 아닌 자신이 유리한 방향으로 거짓말을 하는 아이도 있습니다. 친구와 싸웠다거나, 해야 할 일을 하지 않았는데 핑계를 대거나 하면서요. 어른이나 아이나 손해나 피해를 보고 싶지 않고 자신의 이익을 추구하는 것은 본능과도 같습니다. 그러니 너무 나무라지 마시고 반복적으로 옳고 그름에 대해서 단호하게 알려주는 것이 필요합니다.

우리 아이들은 모두가 함께 기릅니다

"당신의 아이를 국가가 함께 키우겠습니다."

핀란드에서는 산모가 7~8개월 정도 되면 마더박스라는 것이 배달된다. 그 박스를 열어 보면 위의 내용과 같은 글이 적혀진 편지가 있고 방한복과 내복을 포함한 4계절 옷, 신발, 목욕물 온도계, 동화책 등 30가지의 아이 용품이 있다. 푹신한 매트리스와 작은 모포까지 들어 있어 박스를 침대로 활용할 수도 있다.

생명이 잉태되는 순간부터 복지가 시작된다는 핀란드. 놀라운 것은 마더박스 사업을 1930년대에 경제적으로 굉장히 힘든 시기에 시작했다는 것이다. 모든 아이는 보호를 받을 권리가 있으며, 힘들 때야 말로 복지가 필요하다는 발상에서 시작된 것이다. 부모가 돈이 없어 아이를 포기하거나 집이나 차를 팔아야 하는 상황이 생길 경우 도움을 주고자 한 것이다. 박스에 담긴 것들은 100만 원 상당의 아이 용품이다. 그래서 아무리 가난한 엄마라도 아이가 세상에 태어나는 순간을 걱정 없이 맞이할 수 있다.

핀란드에서는 마더박스를 포함해 1년에서 3년까지의 육아휴직과 수당, 집중적인 케어를 받을 수 있는 탁아소와 개인 보모, 나라의 보조로 운영되는 유치원과 소수 인원의 초등학교 등등 아이를 키우기에 전혀 부족함이 없는 복지 정책을 펼치고 있다.

유럽은 탄탄한 세금을 바탕으로 아이들을 키우고 노년도 보장하며 무상의료도 실행한다. 핀란드의 초등교육은 모두 무상으로 이루어지며 덴마크나 스웨덴, 노르웨이, 프랑스, 영국, 독일도 무상이거나 아니면 아주 저렴한 비용만을 부담한다. 나머지는 정부와 지자체가 부담한다. 실업자 수당과 교육도 체계적으로 이루어지며 한 부모 가정과 장애아동에 대한 정책도 탄탄하다.

그런데 유럽의 복지제도는 경제적으로 좋은 상황에서 만들어진 것이 아니다. 특히 북유럽은 경제적 위기를 맞고 나라가 휘청거릴 때 오히려 강력한 복지정책을 펼쳤다. 다 같이 고통을 분담하고, 혜택을 누리자는 생각에서였다. 그래서 부유한 계층의 낙수 효과를 기대하기보다는 다 같이 내고 다 같이 나누는 방식을 선택했다.

북유럽 사람들은 높은 세금에 겉으로는 불평을 할지 몰라도 속으로는 복지국가에 대한 자부심이 대단하다. 정당하게 번 돈으로 정당하게 세금을 내고, 그 돈으로 힘든 사람을 돕는 것을 자랑스럽게 생각하는 것이다. 그리고 자신 또한 언제든지 힘든 상황에 처할 수도 있음을 알기에 큰 불만 없이 세금을 낸다. 이처럼 당당하게 세금을 냈기 때문에 어려울 때 도움을 받는 것을 당연한 권리로 생각한다. 국가가 세금을 투명하고 올바르게 써줄 것이라는 믿음 또한 강하다.

노르웨이의 경우 개인연금이 없다. 풍요로운 복지정책 덕분에 노후를 대비한 개인연금이 필요치 않는 것이다. 노르웨이는 가장 많이 받았던 급여를 기준으로 3분의 2에 해당하는 금액을 60세부터 지급한다. 그래서 노후에도 걱정 없이 여행 등을 즐기며 인생의 황혼기를 맞이할 수 있다. 다른 북유럽 국가들도 비슷한 수준으로 지급하고 있다.

유럽의 복지 정책은 생명이 잉태되는 순간부터 아이가 성인이 될 때까지 모든 것을 책임진다. 훌륭한 민주시민으로 자란 아이는 열심히 일을 하고 세금을 내서 자신이 받은 혜택을 사회에 돌려준다. 그리고 노후에 접어들면 다시 국가가 책임을 진다. 복지의 선순환이라고 할 수 있다.

북유럽 사람들은 화이트컬러든 블루컬러든 자신이 세금을 낸다는 사실에 자부심을 느끼기 때문에 탈세가 적다고 한다. 탈세를 할 경우 국세청에서 어떤 식으로든 밝혀내기 때문에 탈세할 생각을 하지 않는 것이기도 하다. 아무튼 북유럽 사람들은 탈세를 무척 수치스러운 일로 여긴다.

무상교육으로 유명한 독일을 살펴보자. 각 주마다 차이점은 있지만 독일 역시 교육비 걱정을 하지 않고 자녀를 공부시킬 수 있다. 사립학교

를 가지 않는다면 아이들은 급식비 등을 제외하고는 거의 무상으로 교육을 받는다. 대학생들은 기숙사와 생활비까지 지원받는다. 비용 걱정 없이 공부할 수 있는 기회는 유학생에게도 주어진다. 여러 나라의 가난한 유학생들이 독일에서 대학 공부를 해내는 비결이 여기에 있다.

사회로 진출한 학생들은 자신들이 많은 혜택을 받으며 공부했기 때문에 이제는 사회에 환원해야 한다는 생각을 확고히 가지고 있다. 그래서 세금을 내는 것에 대한 불만이 없다.

유럽의 세금제도가 이처럼 밝은 면만 있는 것은 아니다. 프랑스의 경우 저소득 계층과 다자녀 가정에 대한 혜택이 많다. 이를 노리고 각국에서 프랑스로 이민을 온 사람들이 많이 생겼다. 이민자들이 폭발적으로 늘어나자 다양한 사회문제들 또한 늘어났다. 그래서 오늘날 프랑스 사람들은 세금을 내는 것에 대해 의문을 품기 시작했다. 특히, 젊은이들은 '우리가 세금을 내러 태어났나?' 라고 생각할 정도로 회의감을 느낀다고 한다.

이런 것을 보면 혜택을 받는 사람, 세금을 내는 사람 모두 성숙한 시민의식을 가져야 복지가 선순환을 이룰 수 있다는 것을 알 수 있다.

이제 유럽 교육 제도 탐방은 끝이 났다. 유럽의 환경과 복지, 교사제도는 충분히 부러워할 만큼 탄탄하다. 아쉬운 것은 그것을 우리나라에 당장 도입하기가 어렵다는 것이다.

그러나 제도가 아닌 엄마들만을 비교해보면 그리 부러워할 것도 없다. 우리나라 엄마들 역시 유럽 엄마들 못지않게 지혜롭고 열정이 있기 때문이다. 우리의 선조들은 사랑과 존중, 절제의 교육을 실천했다. 이러한 유전자를 물려받은 우리나라 엄마들은 유럽 엄마들 못지않게 아이들을 훌륭하게 길러낼 수 있다.

유럽 엄마들처럼 커다란 유모차도 장기간의 육아휴직도 없지만 우리에게는 사랑과 존중이 담긴 포대기가 있다. 우리가 잠시 잊고 있었었던 현명한 어머니 유전자를 다시 한 번 일깨워보자.

3부

아름다운 에코맘의 혁명,
내 아이를
뜨겁게 끌어안다

공부 잘하는 아이, 예의가 바른 아이,

자존감이 높은 아이는

절로 만들어지는 것이 아니다.

그런 아이로 길러내려면 부모가 먼저 책을 가까이 하고,

존중하는 말투로 말하며,

자기 자신과 배우자를 사랑하는 모습을

'보여'주어야 한다.

자신이 먼저 바로 서는 것,

그것이 내 아이를 올바른 인간으로,

하나의 인격체로 완성시키는 시작이자 끝인 것이다.

현대의 에코맘,
과거의 포대기를 기억해내자

'어머니'를 생각하면 어떤 장면이 떠오를까? 우리나라 사람들에게 이런 질문을 한다면 대부분 '기도하는 어머니', '자식을 위해 많은 것을 희생하는 어머니' 그리고 '포대기로 아이를 업은 어머니'를 떠올릴 것이다.

맞다. 우리나라 어머니는 자식을 위해서 많은 것을 내어주고 자신과 자식을 동일시한다. 그렇다고 무조건적인 사랑만을 보여주지는 않았다. 때로는 회초리를 들어 자식을 단호하게 훈육했다.

5천 년의 역사 동안 우리나라 어머니들은 그 누구보다 강인하게 단련되었다. 외세의 잦은 침략과 보릿고개 등을 겪으며 자식을 지키기 위해 분홍 치마저고리를 벗어 던지고 아이를 등허리에 단단히 동여맸다.

가난과 전쟁 속에서도 아이에게 보리밥을 씹어 먹이고 김치뿐이지만 정성이 담긴 도시락을 챙겨주었다. 그렇게 우리나라의 어머니들은 아이에게 보다 나은 미래와 삶을 주기 위해 많은 것을 희생했다. 이런 강인한 유전자는 오늘날을 살아가는 에코맘들에게도 전해져 내려왔다. 우리나라 여성들은 작은 영토, 적은 인구에도 불구하고 세계 양궁을 제패하는 등 각종 분야에서 맹활약하고 있다.

특히 우리나라 엄마들의 교육열은 전 세계에서 따라갈 나라가 없다. 한국 엄마들은 시험기간이 되면 슈퍼에서 장 보는 시간조차 줄여가며 아이와 함께한다. 수능시험을 볼 때면 온 국민이 아이들을 응원하면서 출근시간까지 늦춘다. 엄마들은 고사장 밖에서 시험을 치르는 아이를 위해 눈물을 흘리며 기도한다. 아이가 어느덧 다 커서 수능을 치르는 모습이 대견해서 눈물을 흘리고, 그동안 공부하라고 몰아세웠던 것이 미안해서 눈물을 흘린다.

그런데 이런 교육열 때문일까. 요즘 젊은 엄마들의 육아는 예전과 다르게 지나치게 학습 위주로 돌아가고 있다. 우리나라의 어머니들은 그 어떤 나라의 어머니들보다 강인하고 사랑이 많으며 헌신적이었다. 그런데 오늘날, 물질적으로 풍요로운 시대가 되자 아이에 대한 사랑이 과거와는 다른 형태로 변질되었다.

예전 어머니들은 자식을 먹이고, 조금이라도 나은 삶을 살게 하기 위해 무엇이든 가리지 않고 해냈다. 그런데 오늘날의 엄마들은 자식을 일등으로 만들기 위해 물불을 가리지 않는다.

예전의 어머니들은 자녀를 사랑하면서도 절제 있는 교육을 했다. 때로는 매섭게 아이를 훈육하기도 하고, 예의범절도 중요시했다. 한편으로는 아이와 함께 꿈을 만들어가는 것도 잊지 않았다. 그런 어머니를 자녀들은 존경하고 신뢰했다. 어머니에 대한 신뢰가 깊었기 때문에 야단을 맞아도 엄마가 나를 사랑하기 때문에 야단을 친다고 생각했다. 이처럼 자식과 부모는 서로 믿음을 주며 건강한 관계를 만들었다.

오늘날의 엄마들도 자녀를 사랑하는 마음은 똑같을 것이다. 다만 방향이 빗나가고 있을 뿐이다. 물질적인 풍요는 아이에게 무엇이든 지 해주고 가르쳐 주겠다는 욕심을 낳았다. 고등고육을 받은 엄마들은 서구의 다양한 자녀교육 이론을 접하며 오히려 방향감각을 잃어버리고 있다.

그래서 공부만 잘하면 모든 것이 용서된다는 생각 아래 아이들을 몰아세운다. 아이들 역시 엄마의 기대를 저버리지 않기 위해 오로지 공부에만 매달린다.

핵가족 시대인 것도 문제다. 집안에 어른이 없고 부모들이 아이를 상전 모시듯이 하니 아이들이 부모를 들었다 놨다 한다.

그러므로 이제는 다시 한국의 전통적인 어머니 상으로 돌아가야 한다. 돌아가서 진정으로 아이를 사랑하고 존중하는 방식을 배워야 한다. 예전 어머니의 유전자는 우리의 혈관 속에 흐르고 있으니 잠자고 있는 것을 일깨우기만 하면 된다. 그렇게 해서 아이와 엄마가 함께 성장하는 방법을 찾아야 한다.

오늘날 각종 매스컴과 육아 서적들은 '가장 좋은 육아 방법'으로 서구식 육아법을 소개하고 있다. 물론 그 방법이 내게 맞는 방법이라면 좋은 방법이 될 수 있다. 하지만 서구식 육아법이 우리나라 사람에게 잘 맞을 리가 없다. 우리에게는 전통적으로 내려온 우리식 육아법이 가장 잘 맞는다.

그 중에 포대기부터 살펴보도록 하자. 어찌 보면 촌스러울 수도 있지만 이보다 정감 가는 것 또한 드물다. 포대기에는 자식에 대한 어머니의

무한한 사랑, 자식과의 일체감이 녹아들어 있다. 그러면 포대기를 통해 선조들의 지혜와 사람을 배워보도록 하자.

Q. 아이와 함께 시간을 보내는 것이 중요하다고 하지만
  맞벌이 때문에 너무 시간이 없어요!

A. 세상을 살다보면 둘 중에 하나를 선택해야 할 경우가 더러 있습니다. 육아와 사회생활 역시 마찬가지입니다. 둘 다 완벽하게 해낼 수 없기 때문입니다. 그러므로 어느 것을 우선순위에 둘 것인지 깊게 생각하고 결정해야 합니다. 일이 우선이라면 일을 먼저 생각하는 생활계획을 짜야 합니다. 육아가 우선이라면 육아를 먼저 생각하는 계획을 짜야 하고요. 중요한 것은 어느 것을 우선순위에 두든 죄책감을 가질 필요가 없다는 것입니다.

일이 우선이라면 일단은 일을 열심히 해야 합니다. 그리고 아이와는 주말이나 퇴근 후에 좀 더 밀도 있는 시간을 가지면 됩니다. 온종일 아이와 붙어 있다고 해서 아이에게 좋으리라는 법은 없습니다. 짧더라도 깊게, 의미 있게 아이와 시간을 보내는 것이 더 좋을 수도 있습니다. 일하는 엄마 밑에서 자란 아이는 어릴 때부터 스스로 많은 것을 해결해야 하기 때문에 자립심과 책임감을 키울 수 있다는 장점도 있습니다.

일보단 육아를 선택했어도 경제적인 어려움 때문에 일을 놓지 못하는 엄마들도 많습니다. 실제로 많은 엄마들이 파트타임으로 일을 하면서 아이를 돌봅니다. 이것 또한 좋은 방법입니다. '결혼 전에는 내가 이런 일을 했는데', '내 경력에는 이 일이 맞지 않는데'라고 생각하며 자괴감에 빠질 필요는 없습니다. 하루 종일 일하는 엄마들보다 더 많은 시간을 아이와 보낼 수 있기 때문입니다.

일이든 육아든 어디에 비중을 두고 살아갈지는 부모들이 선택해야 합니다. 둘 다 완벽하게 해내려는 욕심은 버려야 합니다. 그리고 어느 한쪽을 선택했으면 남과 비교하지 말고 자신의 결정과 아이를 믿어야 합니다.

대한민국 모성의 시작, '포대기'

20년 전만 해도 길을 나서면 포대기로 아이를 업은 엄마들이 눈에 쉽게 띄었다. 엄마들은 아이를 등에 업고 포대기로 단단히 감싼 다음 양팔을 뒤로 감아 엉덩이를 받쳤다. 아이는 엄마 뒤에서 머리카락을 잡아당기기도 하고, 고개를 이리저리 돌리며 주변을 구경하기도 했다. 골목길에서는 아이를 업은 엄마들이 모여 두런두런 이야기를 나눴고, 간식이 생기면 팔을 넘겨 아이 입에 그대로 넣어 주었다. 집안일 역시 아이를 업은 채로 척척 해냈다. 아이는 엄마에게 업혀 놀다가 심장소리를 들으며 스르륵 잠이 들었다.

오늘날의 엄마들은 포대기가 외형상 예쁘지 않고 불편하다는 이유로 멀리한다. 대신 여러 종류의 아기띠를 사용한다. 그런데 아기띠라는

것이 생각보다 편하지 않다. 착용을 하는 것은 포대기보다 쉬울지 몰라도 조금만 시간이 지나면 어깨가 아파온다. 아이가 불편해하며 발버둥을 치기 때문이다.

하지만 포대기는 그렇지 않다. 물론 처음에는 아이나 엄마나 적응하는 기간이 필요하긴 하다. 하지만 그 시간을 조금만 견뎌내면 아이는 엄마의 등 위에서 편안하게 놀고 잠든다.

그래서일까? 우리가 이렇게 외면하고 부끄러워하는 포대기를 오히려 서구에서는 받아들이려 애를 쓰고 있다. 2012년 1월, 뉴욕에서 열린 육아 강좌에서 미국 엄마들이 포대기에 강한 흥미를 보였다. 아이와 엄마를 이어주는 소중한 매개체로 생각한 것이다. 실제로 맨해튼의 육아용품점에서는 포대기를 판매하며 편리함과 중요성을 널리 알리고 있다.

그런데 아기들은 왜 포대기를 편안해할까? 그것은 포대기 속 환경이 엄마의 자궁과 비슷하기 때문이다. 아기는 열 달 동안 엄마의 뱃속에 있으면서 엄마의 심장소리, 따뜻함, 편안함을 경험한다. 아이를 단단하게 싸맨 포대기 역시 엄마의 심장소리, 따뜻함, 편안함을 제공한다. 믿기지 않는다면 지금 당장 아기를 포대기로 감싸서 업어보라. 아이가 얼마나 즐거워하고 편안해 하는지 알 수 있을 것이다.

어떤 엄마들은 아이를 포대기로 업으면 다리가 휘고 벌어질까 걱정한다. 하지만 아이의 다리는 원래 O다리가 정상이다. 태어나서 24개월까지는 O다리를 유지하고 6~7세가 되어야 비로소 11자 형태가 된다. 아이를 업으면 오히려 고관절 발달에 좋은 영향을 끼친다. 그러니 아이의 다리에 대한 걱정은 접어두어도 좋다.

포대기로 아이를 업게 되면 얻게 되는 또 다른 장점이 두 가지 있다. 첫째는 아이와 엄마의 애착 형성에 긍정적인 효과를 미친다는 점이다. 아기가 태어났을 때 가장 필요한 것은 엄마와의 스킨십이다. 스킨십을 통해 자신을 보호해주는 존재, 자신을 세상에 있게 한 존재와의 애착 형성이 가능하기 때문이다. 이때 큰 역할을 하는 것이 포대기이다.

그런데 요즘은 서구의 육아법을 많이 '공부'해서 그런지 아이를 많이 안아주지도 않고 잠도 따로 재운다. 그런데 그것은 우리에게 맞지 않는 방법이다. 예전 어머니들은 아이를 업고 시장도 보고 집안일도 했다. 어디서든 아이를 끼고 살았고, 잠도 당연히 함께 잤다. 그렇기 때문에 아이는 엄마와 분리되는 불안을 겪지 않아도 됐다. 하지만 오늘날의 엄마들은 서구식으로 '독립심'을 키워준다는 생각 아래 아이를 따로 재우고 많이 안아주려 하지 않는다. 버릇이 잘못 들면 힘들다는 이유도 한몫한다.

그런데 여기서 잠깐 생각해보자. 요즘의 엄마들은 분명 포대기에 싸여 엄마의 등에 업힌 채 자랐을 것이다. 그중에는 엄마가 밥을 입으로 씹어서 먹여 준 사람들도 있을 것이다. 그리고 대부분의 아기들은 엄마의 품에서 자장가를 들으며 잠들었을 것이다.

그렇게 자라면서도 '내 다리가 휘면 어떡하나', '씹던 걸 주다니 더러워'라고 생각한 사람은 없었을 것이다. 그런데 왜 자신의 아이에게는 엄마에게 받았던 사랑을 그대로 베풀지 못하는 것일까? 엄마의 사랑보다 아이의 독립심이 더 중요하다고 생각해서 그런 것일까? 아니다. 이 세상에서 엄마의 사랑보다 더 중요한 것은 없다. 아이는 엄마가 아무리 이상한 방식으로 사랑을 하더라도 그것을 받아들인다. 엄마가 자신을 사랑하고 있다는 그 사실이 중요하기 때문이다.

서양의 부모들이 아이의 독립심을 키워주려는 이면에는 부부의 삶을 보다 중요시하는 개인주의가 깔려있다. 물론 부부의 삶이 존중되어야 하는 것은 맞다. 하지만 우리나라의 현실과는 맞지 않다. 우리는 아이와 함께 살을 부비고 뒹구는 것이 더 익숙하고 편하다. 모르긴 해도 '부부의 생활이 더 중요하니 아이를 따로 재우는 것이 맞아.'라고 생각하면서도 뭔가 자연스럽지 않다는 느낌이 들었던 엄마들이 많을 것이다. 우리에게는 자연스러운 일이 아니기 때문이다. 그러므로 아기와 엄마의 애착관계를 형성하는 데 큰 역할을 하는 포대기를 포기할 이유가 전혀 없는 것이다.

포대기의 다른 한 가지 장점은 엄마에게 두 손의 자유를 선물한다는 것이다. 아이를 등에 업으면 엄마는 다양한 일을 할 수 있다. 시장에 갈 수도, 설거지를 할 수도 있다. 어떤 사람들은 포대기로 아이를 업은 채 힘들어서 무슨 일을 할 수 있냐고 반문할 수도 있다. 하지만 포대기에 익숙해지면 아이의 무게가 척추와 골반으로 고르게 분산되고 단단한 끈이 지탱해주기 때문에 아기띠보다 힘이 훨씬 덜 든다. 그러므로 굳이 힘도 더 들고 두 손도 자유롭게 쓰지 못하는 아기띠를 고집할 이유가 없다.

손이 자유로운 엄마는 여러 가지 일을 처리하면서도 아이에게 신경을 쓸 수 있다. 특히 아이에게 세상 구경을 시켜주는 데 포대기만한 것이 없다. 아이는 안전함 속에서 세상을 구경하는 과정을 통해 많은 것을 보고 느끼게 된다.

서구에서는 아기에게 침대를 마련해주고 방도 따로 쓴다. 그리고 아이를 업는 대신 유모차에 태우고 산책을 한다. 아이를 사랑하는 마음은 이 세상 어디나 똑같겠지만 그들은 독립심이라는 교육 철학 아래 육아를 한다. 그들은 오랫동안 그렇게 아이를 키워왔기 때문에 그것이 편하고 자연스러운 일이다.

그런데 서구 사회를 자세히 살펴보면 일찍부터 이성을 찾고 성관계를 한다는 것을 알 수 있다. 어린시절 부모와의 스킨십을 통해 채워졌어야 할 정서적 유대감을 그런 식으로 보상하는 것이다. 그래서 서구에서는 자식이 16세 이상이 되면 자식이 성생활을 하는 것을 인정하고 존중하는 분위기다.

우리나라도 서구식 생활방식으로 점점 바뀌고 있어서 그런지는 몰라도 중고등학생들이 이성 친구를 사귀고 성생활을 하는 것이 확산되고 있다. 부모들 역시 어느 정도는 묵인하고 있다. 그런데 이성교제와 성생활은 성인이 되어 몸과 마음의 준비가 되었을 때 시작하는 것이 좋다. 아기 때 부모와 애착 관계를 형성하지 못한 반작용으로 사춘기에 이성에 대한 욕구가 분출하는 것은 부자연스러운 일인 것이다.

따라서 우리 아이들이 건강한 사춘기를 맞이하길 바란다면 아기일 때 많이 안아주고 업어주어야 한다. 아이가 엄마의 품을 절실히 필요로 하는 바로 그때 엄마의 숨소리를 충분히 들려주어야 하는 것이다.

우리 어머니의 어머니, 또 그 어머니의 어머니는 이런 식으로 아이에게 사랑을 베풀었다. 우리 역시 이런 방식으로 아이들을 사랑해야 한다.

Q. 스킨십을 자주 해줬더니
  아이가 사람들 많은 곳에서도 가슴을 만지려고 해요!

A. 7살 서준이 엄마는 서준이의 지나친 사랑 표현 때문에 고민이 많습니다. 아기 때부터 충분히 안아주었다고 생각했는데 다 자라서까지 엄마 품을 떠나지 않는 거지요.

"원장님, 도대체 언제까지 안아줘야 할까요? 이제 서준이도 클 만큼 컸는데 스킨십에 너무 집착해요. 사람들이 많은 곳에서도 제 품에 안기려고 하고 심지어는 가슴도 만져서 너무 창피해요. 징그럽기도 하고요."

"계속 안아주세요. 하지만 아이에게 엄마의 생각을 확실히 전달하는 것도 중요해요. '여긴 사람들이 많은 곳이니까 엄마한테 안기는 건 집에서 해야 해. 엄마가 부끄럽거든'이라고 말이지요. 아이가 안기고 싶어 하는 건 여러 요인이 있을 수 있어요. 불안해서 그럴 수도 있고 단순히 엄마 품이 좋아서 그럴 수도 있어요. 엄마는 사랑을 충분히 주었다고 생각하지만 아이 입장에서는 채워지지 않았기 때문에 계속 보챌 수 있습니다. 이럴 때 너무 단호하게 아이를 밀어내면 상처를 받을 수도 있습니다. 그러니 아이를 보듬어 주면서 이해를 시키는 게 필요합니다."

어떤 아이들은 일찍 엄마 품을 떠나기도 하지만 어떤 아이들은 초등학교에 가서도 엄마 품에서 잠을 자려고 하고 가슴을 만지려고도 합니다. 후자의 경우에는 아이가 어떤 요인에서 그런 행동을 하는지 잘 알아차리지 못하는 게 일반적이지요. 그럴 때는 아이가 원하는 만큼 스킨십을 해주면서 그 원인을 알려고 노력하고 공공장소에서는 하지 말아야 한다는 것을 인지시켜주어야 합니다. 모든 아이들은 언젠가 때가 되면 엄마 품을 떠난다는 것을 알고 기다려주세요.

밥상머리, 집안의 전통과 배려, 기다림을 배우는 자리

"고기는 어떻게 구워 드릴까요? 미디엄? 웰던?"

서양에서는 밥을 먹을 때 개개인의 취향을 존중한다. 식당에서는 샐러드드레싱부터 굽는 정도까지 자신의 입맛에 맞게 골라 먹을 수 있다. 이런 분위기 때문인지 가정에서도 아이의 취향에 따라 어느 정도 편식이 허용된다.

하지만 우리나라는 이와 다르다. 예로부터 어머니가 차려 주시는 밥상은 어떤 불평도 하지 않고 감사하게 먹었다. 농부의 노고가 들어간 밥을 한 톨이라도 남기는 것은 볼기짝을 맞아야 할 만큼 잘못된 일이었다. 반찬투정이라는 말은 1970년대에 들어서야 생겨났다.

"남기지 말고 깨끗하게 먹어라."

이 말은 요즘 엄마들이 어릴 때 수없이 들은 말이었을 것이다. 물과 공기, 햇볕을 준 자연에게 감사하고 농사를 지은 농부에게 감사하며 그 쌀을 살 수 있도록 일을 한 아버지와 맛있게 밥을 지어준 어머니께 감사를 드리면서 먹도록 했다. 우리에게 밥은 '보약'이며 '하늘'이었다.

우리나라는 예로부터 먹을 것은 부족하고 식구는 많았기 때문에 식사를 할 때면 서로에 대한 배려가 필요했다. 어느 한 사람이 배불리 먹으면 다른 사람은 배를 곯을 수밖에 없었기 때문이다. 그래서 밥상머리 교육은 특히 엄격했다. 반찬 투정을 하거나 식사 예절이 없는 아이는 '버르장머리가 없는 아이'라 여기고 제대로 못 가르친 부모를 탓했다.

2014년 어느 가정의 저녁 밥상을 살펴보자.

엄마 : "민지야, 오늘 저녁은 된장국과 생선구이야. 맛있겠지?"

아이 : "싫어, 싫어~ 햄 주세요!"

엄마 : "이거 햄보다 훨씬 맛있는 거야. 민지도 먹어보면 또 달라고 할 걸?"

아이 : "으응~ 이거 맛없단 말이야! 냄새 이상해. 나 밥 안 먹을 거야."

엄마 : "뭐가 이상하다고 그러니? 된장국이 이상해?"

아이 : "응. 엄마 나 햄 줘."

엄마 : "그러지 말고 일단 한 입만 먹어보자. 자 입 벌려봐. 아~"

이런 광경은 어느 가정에서나 흔히 볼 수 있다. 엄마가 반찬 투정하는 아이를 달래고 심지어 밥그릇을 들고 쫓아다니며 한 입만 먹어보라고 애원을 하는 풍경 말이다. 아빠는 누구 편을 들어야 할지 판단이 서질 않아 아무 말 없이 꾸역꾸역 밥만 먹는다. 결국 행복해야 할 저녁 식탁은 엉망이 되고 가족 모두는 제대로 식사를 끝내지 못한다.

먹을 것이 풍족하고 아이를 적게 낳다 보니 아이들은 어느새 식탁에서 군림하는 권력자가 되었다. 밥을 먹는 것이 마치 엄마를 위한 일인 양, 아이들은 밥 한 숟가락을 가지고 엄마와 힘겨루기를 한다. 결국 아이는 밥은 밥대로 먹지 못하고 옷은 옷대로 챙겨 입지 못한 채 심술만 부리다 유치원이나 학교에 가려고 집을 나선다. 엄마는 아이와 같이 엘리베이터에 올라 타 머리를 빗겨주며 전전긍긍한다. 이런 모습은 아이

를 위해서나 엄마를 위해서나 결코 바람직하지 않다.

조선시대 양반가에서는 아이가 혼자 숟가락질을 할 수 있는 3살이 되면 밥을 먹여주지 않고 혼자 먹도록 했다. 이때 아이가 음식을 흘리거나 장난을 쳐도 너그럽게 용서했다. 아이가 혼자서 음식을 잘 먹을 수 있을 때까지 인내심을 가지고 지켜보는 것이다. 어른들이 도와주는 것이라고는 소화가 잘 되는 반찬을 밥 위에 올려주는 것밖에 없었다.

그러다 어느 정도 손놀림이 정확해지는 5살이 되면 독상을 차려 주었다. 이때부터는 다소 엄격한 식사 예절을 가르쳤다. 어른이 수저를 들 때까지 기다렸다가 수저를 들고 어른이 식사를 다 마치면 일어서서 인사를 하도록 가르치는 것이다. 뿐만 아니라 아이가 제대로 이해하지 못해도 음식에 대해 감사하는 마음을 갖도록 여러 가지 이야기를 반복적으로 들려주었다.

이런 밥상머리 교육은 방식은 바뀌었을지 몰라도 대략 10년 전까지 이어져 내려왔다. 곰곰이 어렸을 때를 떠올려 보라. 어릴 적에 어머니가 스테인리스 밥그릇이나 놋그릇에 아버지 밥을 담아 수건으로 잘 감싼 다음에 뜨끈한 아랫목에 묻어둔 것을 기억해낼 수 있을 것이다. 아버지뿐만이 아니다. 식사 시간에 제때 참석하지 못하는 가족들을 위해 뜨거울 때 미리 퍼서 잘 보관했다가 밥상에 올렸다.

가장의 밥은 항상 가장 좋고 큰 그릇에다 먼저 담아 보관했다. 명절 등 대가족이 모여 식사를 할 때면 귀하고 맛있는 반찬은 어른 앞에 놓였고, 어른들이 먼저 손을 대지 않은 반찬은 아이들이 먹을 수 없었다. 고

기나 생선 등 맛있는 반찬에만 젓가락을 대면 혼이 났고, 맛있는 것은 나누어 먹어야 한다고 교육받았다.

그렇게 우리는 밥상에서 밥만 먹는 것이 아닌 예절을 배웠고 음식의 귀함을 느꼈다. 아이들은 공경을 받는 어른을 보며 '나도 빨리 자라 할머니나 아빠처럼 대접을 받아야지' 하는 마음을 품었다. 그런데 지금 밥상에서 아빠의 자리는 어떨까? 모든 게 아빠가 아닌 아이 위주로 돌아간다. 권위를 잃은 아빠의 모습을 보며 커서 아빠를 닮아야겠다는 생각을 하는 아이들이 점점 사라져가고 있다.

예전의 식사 자리는 배려와 기다림, 감사를 배우고 나누는 자리였다. 어른이 수저를 들 때까지 기다리고, 어른이 먼저 반찬을 드시기까지 기다렸으며, 맛있는 것은 다른 가족에게 양보하는 미덕을 배웠다.

현대의 밥상에서는 이런 기다림과 배려를 배우기보다는 한 숟가락이라도 더 아이에게 좋은 것을 먹이는 것이 우선시되고 있다. 맛있는 것이 넘쳐나고 부족한 것이 없는데도 결핍 상태에 빠져 있는 것이다.

요즘 아빠들은 식탁에 앉으면 얼른 밥을 먹고 일어나기 바쁘다. 엄마는 반찬투정을 하는 아이를 달래느라 제대로 밥을 먹지 못한다. 이래서는 아이가 제대로 식사 예절을 배우지 못할 뿐 아니라 인성에도 문제가 생긴다. 그러므로 양반가의 밥상머리 교육을 벤치마킹해서 밥상에 혁명의 바람을 불어넣어야 한다.

아이가 3세 정도가 되면 혼자 숟가락을 들고 밥을 먹고 싶어 할 것이다. 이때 아이용 숟가락을 쥐어 주고 아이가 식탁을 엉망으로 만들더라도 너그럽게 이해해 주어야 한다. 아이용 식탁에 따로 밥상을 차려주고 엄마와 아빠는 그 옆에서 식사를 하는 것도 하나의 방법이다. 이때 중요한 것은 아이의 바로 옆에서 식사를 함께하는 것이다. 아이와 엄마 아빠가 따로 식사를 하는 것은 좋지 않다.

아이가 5~6세가 되면 함께 식사를 해도 된다. 식사를 준비할 때 아이가 좋아할 만한 반찬을 한 가지 정도 만들거나 아이를 요리에 참여시키는 것이 좋다. 아이는 자기가 요리를 한 반찬이라면 맛이 없더라도 즐겁게 먹는다. 그리고 이때부터 엄마 아빠의 식사를 기다리게 하는 교육을 시켜보자. 더불어 자연과 농부, 식사를 마련한 엄마 아빠에게 감사한 마음을 갖게 해 보자. 이를 통해 아이는 '밥은 소중한 것'이라는 생각을 갖게 될 것이다.

이렇게 노력을 했는데도 여전히 아이가 반찬투정을 하거나 밥을 가지고 엄마와 힘겨루기를 하려 든다면 아예 그날의 밥상은 치워버리는 것이 좋다. 간식 역시 금지하고 굶긴 채 재워도 좋다. 그리고 아이의 눈을 마주보며 천천히 분명하게 이야기해 주어야 한다.

"밥이 먹기 싫으면 안 먹어도 좋아. 하지만 밥상에서 그렇게 행동하는 건 옳지 않은 거란다. 다음부터는 이렇게 행동하는 일이 없길 바란다. 밥은 소중한 거니까 말이야."

현대 사회에서 자라나는 아이들은 몇 끼 굶어도 영양이 모자라지 않는다. 또한 칼로리를 조금 덜 섭취한다고 해서 아이들이 자라는 데 문제가 될 것도 없다.

먹기 싫다는 아이에게 억지로 밥을 먹이려고 하는 것은 엄마의 지나친 걱정 때문이다. 이런 엄마의 마음을 아이들은 기막히게 읽고 이용하려 든다. 그럴 때는 과감하게 밥상을 치워버리고 아이에게 식사의 소중함을 알려주어야 한다. 이것이 몇 번 반복되면 아이는 저절로 행동을 고치게 된다. 잘 안 고쳐지더라도 인내심을 갖고 꾸준히 지속적으로 해야 한다. 가끔 "나도 알아요! 밥은 소중한 거니까요!"라면서 엄마가 할 이야기를 먼저 해버리며 힘겨루기를 하는 아이들도 있는데 이럴 때는 아이의 말을 무시하면서 단호하게 대처해야 한다.

식사 예절은 '밥상머리 교육'이라 불릴 만큼 그 비중이 크고 중요한 교육이다. 아이는 식사를 통해서 예절을 배우고, 가족들과 많은 이야기를 나눌 수 있다. 그리고 이를 통해 '식구'의 끈끈한 정을 느낀다. 그래서 선조들은 밥상에서 아이들에게 집안의 전통과 올바른 식습관, 배려, 기다림을 가르쳤다. 더불어 어른들은 제대로 된 권위를 만들어갔다. 흔히 권위라고 하면 부정적인 마음을 품는 경우가 많다. 그렇지만 아이가 어릴 때는 부모의 권위가 살아 있어야 한다. 그것은 폭력적인 교육과는 다른 것이다. 권위는 올바른 한계를 정해주고 그 경계선 안에서 아이에게 자유를 부여하는 것이다. 부모가 바른 교육관과 제대로 된 경계선을 갖고 있다면 자신감 있게 아이를 지도할 수 있을 것이다. 반대의 경우 아이는 천방지축 날뛰며 부모를 깔볼 것이다.

권위는 강압적인 태도에서 생겨나지 않는다. 아이가 밥상에서 떼를 쓸 때 '너 먹을 거야, 안 먹을 거야?' '국물 좀 흘리지 마!' '네 아빠가 돈

버느라 얼마나 고생하는데 이따위로 행동할 거야?'라고 말하는 것은 권위를 세우는 것이 아니라 아이에게 상처를 주는 것이다.

아이가 떼를 쓴다면 앞서 말한 것처럼 단호하게 앞뒤 상황을 설명해주고 타일러야 하며 기다려 줘야 한다. 그렇게 해도 말을 듣지 않으면 과감하게 밥상을 치워버려야 한다.

아이가 식습관이 엉망인데도 그것을 고치는 것보다 좋아하는 음식을 한 숟가락이라도 더 먹이려고 하는 것은 진정으로 아이를 위하는 것이 아니다. 진정으로 아이를 위한다면 멀리 내다보고 인내심을 가져야 한다. 그리고 아이뿐만 아니라 부모도 밥상머리 예절이 몸에 배어 있어야 한다. 아이는 부모를 보고 자라기 때문이다. 식사는 단순히 영양분을 채우는 행위가 아니라 사회적 관계를 배우는 첫걸음임을 명심하자.

Q. 아이에게 저도 모르게 악담을 하게 돼요.

A. 아이에게 예절과 배려를 가르치려면 먼저 부모가 모범을 보여야 합니다. 그런데 천방지축 아이를 기르면서 모범적인 부모가 되는 것은 쉽지 않습니다.

우리는 아이를 낳으면 옥편을 찾아보고 트렌드에 맞춰 예쁜 이름을 지어줍니다. 어쩔 때는 성명관에 가서 비싼 돈을 주고 이름을 받아오기도 합니다. 그런데 아이가 커갈수록 그 예쁜 이름은 한 글자로 바뀌고 맙니다. 바로 '야!'입니다. 남자아이의 경우에는 다섯 글자로 바뀌기도 합니다. 바로 '이눔의 쒜끼'입니다.

배려 있는 아이, 예의 바른 아이를 길러내고 싶다면 먼저 부모가 예의와 배려를 갖춰야 합니다. 그 시작은 바로 아이의 호칭을 바꾸는 것에 있습니다.

지금 당장 아이를 '야'라든가 '이눔의 쒜끼'라고 부르는 것부터 바꾸십시오. 아이에게 상처를 주는 말을 뱉음으로써 부모도 상처를 받는다는 것을 잊지 마세요.

참 교육의 기본인 본보기, 그리고 아버지의 자리

앞서 우리는 유럽의 교육 현장과 가정을 통해서 그들의 육아법을 배웠다. 유럽의 부모들은 아이와 함께 요리하고 산책하며 많은 시간을 보내고 아빠가 육아에 적극적으로 참여한다. 부모와 함께 많은 시간을 보내며 자란 유럽 아이들은 정서가 안정적이고 높은 자존감을 보였다.

그런데 우리 조상들은 어떤 교육을 해왔을까? 아이에게 절대적으로 군림하는 모습을 보였을까? 아니다. 우리 조상들은 그 어느 나라 부모들보다 사랑이 가득한, 몸소 실천하는 교육을 했다. 그것이 바로 '본보기' 교육이다.

한국의 어른들은 흔히 이런 말을 한다.

"자식 키우는 사람은 남의 자식 흉보는 것이 아니다."

"자식 기르는 사람은 남에게 해코지를 해서는 안 된다. 내 자식에게 그 해가 그대로 돌아오기 때문이다."

"남에게 좋은 일을 하면 당장 보답을 받지 못하더라도 자식 대에는 반드시 돌아온다."

이 말에는 큰 뜻이 담겨 있다. 부모는 자녀를 기르면서 말과 행동을 조심해야 하고 삶 자체가 모범이 되어야 한다는 것이다. 그래서 우리는 생명을 잉태한 그 시점부터 몸가짐을 조심했다. 예부터 '태교'에 무척 많은 금기가 있었던 것도 다 이 때문이다.

유럽에서는 자기 전에 엄마 아빠가 머리맡에서 책을 읽어준다. 한국의 양반가에서는 아이들의 교육을 위해 부모가 항상 일하고 글을 읽는 모습을 '보여'주었다. 그리고 아무리 양반가의 자녀라 하더라도 10세가 지나면 자질구레한 집안일을 돕도록 했다. 남자아이에게는 나무 해 오는 것을 여자아이에게는 설거지나 바느질 같은 것을 시켰던 것이다.

고성 이씨 종가의 경우, 며느리에게 '논어'와 '맹자'를 가르쳤다. 그래서 고성 이씨 종가의 며느리는 자식에게 글과 학문을 가르칠 수 있었다.

부모의 본보기 교육은 조선후기 실학자인 이덕무가 쓴 행동교육서 《사소절 士小節》에도 언급되어 있다. 이덕무는 부모는 자식을 가르치기 전에 먼저 자신을 수양해야 하며 항상 모범을 보여야 한다고 말했다. 그리고 남자를 가르치지 않는 것은 내 집을 망치는 것이요, 여자를 가르치지 않는 것은 남의 집을 망치는 것이니 자녀를 미리 가르치지 못함은 부모의 죄라고도 말했다.

후세에 비록 스승과 보모의 가르침이 없었더라도, 여자의 상냥하고 유순하게 잘 좇고, 물 뿌리고 쓸고 부름에 응하여 잘 대답하고, 천을 짜고 옷을 만들고, 먹을 것을 삶고 익히고 조리하는 재능은 오로지 어머니에게서 배우게 되고, 그 아버지 된 도리는 때로 시서(詩書)와 도사(圖史)를 가지고 설명하고 경계하는데 지나지 않을 따름이다. 남자가 처음 나서부터 7, 8살에 이르기까지 나가고 들어오고 걸어 다니고, 말하고 웃고 행동하고, 옷 입고 음식 먹고, 조절하고, 화목을 알맞게 삼가고, 덕성을 북돋아 기르는 것도 역시 어머니의 가르침에 의지한다. 그렇다면 어머니 된 이의 직책이 또한 중요하고 크지 않으랴.

출처 : 《사소절》

그런데 본보기 교육은 어머니만 하는 것이 아니었다. 당시의 아버지들은 유럽 아빠들이 명함조차 내밀 수 없을 정도로 자식 교육에 적극적이었다. 자식에게 사랑을 표현하는 것 역시 인색함이 없었다.

조선의 실학자 연암 박지원은 큰아들이 장성해 분가하자 이런 편지를 보냈다.

전후에 보낸 쇠고기 장볶이는 잘 받아서 반찬으로 했니? 왜 한 번도 좋은지 어떤지 말이 없니? 무람없다, 무람없어. 난 그게 장조림 따위의 반찬보다 나은 듯싶더라. 고추장은 내 손으로 담근 것이다. 맛이 좋은지 어떤지 자세히 말해 주면 앞으로도 계속 두 물건을 인편에 보낼지 말지 결정하겠다.

아버지가 직접 고추장을 담그고 그것을 아들에게 보내며, 맛이 어떤지 궁금해 하는 모습을 보라. 어찌 보면 굉장히 귀엽기까지 한 모습이다. 연암은 자식들에게 학문을 물려줌은 물론 극진하게 사랑하는 모습을 아낌없이 표현한 아버지였다.

그런데 오늘날의 아빠들은 자녀 교육에 참여하는 것도, 사랑을 표현하는 것도 인색하다. 일제강점기와 전쟁을 겪으며 한국의 아빠들은 가족을 지키고 돈을 벌어오는 것에만 집착했다. 육아는 오로지 '엄마'의 몫이 된 것이다. 사회적으로도 아빠는 바깥일만 잘하면 된다는 생각이 팽배했다. 그러다 보니 아이가 어떤 부분에서 부족함을 보이면 그것은 오로지 엄마 때문인 것으로 돼버렸다. 100년 전만 하더라도 육아에서 아버지의 역할이 컸고 자식을 제대로 기르는 것은 집안의 대계를 잇는 일이라 여겼는데 말이다.

오늘날의 아빠들에게도 이런 '아버지 유전자'가 분명히 있다. 다만 발견하지 못했을 뿐이고 기회가 없었을 뿐이다. 유럽의 아빠들이 아이와 많은 시간을 보내며 유대감을 형성하는 것은 부러운 일임에 틀림없다. 그렇다고 현실을 탓할 수만은 없다. 짧은 시간이라도 아이와 집중해서 사랑을 나누는 방법을 익혀나가면 된다.

이때 중요한 것이 엄마의 도움이다. 우리나라 아빠들은 매일 직장에서 시달리느라 집으로 돌아와도 아이와 제대로 잠자리 인사를 할 여유조차 없다. 이때 엄마가 아빠에게 이런 말을 하면서 자존감을 꺾어 놓는다.

'당신은 집안일에 관심 없어? 애는 나 혼자 낳았어?'

'옆집 아빠는 애한테 너무나 자상한데 당신은 도대체 뭐야?'

'책에서 보니까 아빠의 역할이 무척 중요하대. 그런데 당신은 아빠 노릇에는 흥미가 없나 보지?'

엄마가 이런 식으로 아빠를 몰아붙이면 아빠는 가정에서 설 자리가 없게 된다. 만약 아이가 이런 대화를 듣기라도 한다면 아이는 아빠를 존경하는 마음으로 쳐다보기는커녕 돈 벌어 오는 기계로만 여길 것이다. 아빠가 가정에서 설 자리가 없어지면 엄마 또한 힘들어진다. 육아가 온전히 엄마 몫이 돼버리기 때문이다. 그러므로 아빠의 권위와 자리가 회복되어야 집안 교육이 제대로 이루어지고 가정이 화목해진다.

예전 어머니들은 아버지의 월급날이면 월급봉투를 두 손으로 소중하게 받아 들고 한 달 동안의 수고에 감사를 표했다. 그리고 아이들은 아버지가 퇴근을 하신다는 기척이 있으면 아무리 재미있는 만화책이나 텔레비전을 보고 있었더라도 즉시 방으로 들어가 공부하는 척이라도 했다. 그러다가 아버지가 문을 열고 들어오시면 달려 나가 인사를 했다.

그런데 오늘날의 아빠들은 월급이 온라인으로 입금되기 때문에 월급봉투는 구경조차 할 수 없다. 통장 역시 아내가 관리하기 때문에 돈냄새 한 번 맡아보기 힘들다. 남편은 그저 아내가 조금이라도 용돈을 올려주길 바랄 뿐이다. 이렇게 집안의 경제권과 주도권을 모두 아내가 쥐고 있다 보니 아이들은 아빠가 퇴근을 해도 거실 바닥에 드러누워 고개만 까딱하고 만다.

이처럼 아빠가 왕따를 당하는 상황은 아이에게도 엄마에게도 좋지 않다. 아이가 한 사람 몫을 하는 사회인으로 성장하기 위해서는 집안에 제대로 된 권위자, 어른이 필요하다. 그리고 어른으로서의 아빠가 있어야 어른으로서의 엄마가 있을 수 있다.

요즘 아이들이 사춘기에 방황을 하는 이유 중에 하나는 집안에 어른이 없기 때문이다. 집안에 어른이 있어야 옳고 그름을 구별하는 능력을 키울 수 있다. 그러므로 아빠가 제자리에 서 있어야 한다.

또 한 가지 되새겨봐야 할 부분이 있다. 흔히 육아의 대부분을 엄마가 해내기 때문에 엄마들은 자신의 방법이 육아에 적합하다고 생각한다. 여자는 전체적인 시각으로 아이를 대하고 남자는 어느 한 부분을 보고 결과론적 사고를 통해 아이를 본다. 이렇게 근본적인 시각차이가 있는데도 엄마들은 자신의 방식, 자신의 시각으로만 육아에 참여할 것을 요구한다.

하지만 아빠에게는 남자만의 방식, 아빠만의 방법이 있다. 엄마는 그것을 인정하고 협의하면서 공동으로 아이를 길러야 한다. 이것은 아이에게 성 역할에 대해 알려주는 것이기도 하므로 육아에는 반드시 엄마 아빠가 같이 참여해야 한다.

이제 아이에게 아빠가 얼마나 소중한 사람인지 일깨워주고 아빠를 존중하도록 가르치자. 더불어 부부가 서로를 인정하고 존경하는 모습을 보여주도록 하자. 아이에게는 이보다 더 좋은 본보기는 없을 것이다. 엄마와 아빠가 사랑하는 모습을 볼 때 아이들은 정서적 안정을 갖고 자존감도 자라난다. 그리고 '나도 자라서 부모님처럼 훌륭하고 사랑 많은 어른이 되어야겠다.'고 생각한다.

만약 아빠가 육아에 시간을 낼 수 없다면 엄마는 아이에게 '아빠는 우리를 정말 사랑하지만 지금은 조금 바쁘셔. 그러니 일요일에 같이 이야기를 나누자'라고 하며 아이를 이해시켜야 한다. 그리고 아이가 아무리 어리더라도 아이 앞에서 아빠를 비난하는 말을 해서는 안 된다. 또한 아

빠가 육아의 즐거움을 느낄 수 있도록 기회를 만들고 연출하는 능력도 필요하다. 그래야 아이들이 가장의 중요함, 아빠의 소중함, 아빠의 존재감을 느낀다. 아빠 역시 단지 돈을 벌어오는 기계가 아닌 소중한 사람으로 대접받고 있다는 느낌을 갖게 된다.

아빠들 또한 잃어버린 육아 본능을 깨워 '자상하고 인자한 아버지' '삶의 모범이 되는 아버지'가 되려는 노력이 필요하다. 그러기 위해서는 선조들의 육아법을 공부하고 실천해야 한다.

수신제가치국평천하(修身齊家治國平天下)라는 말이 있다. 자신의 몸과 마음을 바르게 한 사람만이 가정을 다스릴 수 있고, 가정을 다스릴 수 있는 자만이 나라를 다스릴 수 있으며, 나라를 다스릴 수 있는 자만이 천하를 평화롭게 할 수 있다는 뜻이다. 이는 가정교육이 얼마나 중요한지, 교육에 앞서 부모의 수양과 모범이 얼마나 중요한지, 부부의 사랑이 아이에게 어떤 영향을 끼치는지를 일깨는 말이기도 하다.

우리 선조들은 가정교육을 무엇보다 중요하게 여겼고 부모의 본보기가 교육의 시작이자 끝이라고 생각했다. 그래서 부전자전, 모전여전이라는 말이 생겨난 것이다.

소리를 지르고 짜증을 내는 부모 밑에서 자란 아이는 짜증 가득한 아이가 된다. 이기적인 부모 밑에서 자란 아이는 이기적인 아이가 된다. 콩 심은 곳에 콩 난다는 말이 그냥 생겨난 것이 아니다.

공부 잘하는 아이, 예의가 바른 아이, 자존감이 높은 아이는 절로 만들어지는 것이 아니다. 그런 아이로 길러내려면 부모가 먼저 책을 가까이 하고, 존중하는 말투로 말하며, 자기 자신과 배우자를 사랑하는 모습을 '보여'주어야 한다. 자신이 먼저 바로 서는 것, 그것이 내 아이를 올바른 인간으로, 하나의 인격체로 완성시키는 시작이자 끝인 것이다.

Q. 다른 아빠들은 아이 교육에 관심이 없다는데
우리 남편은 너무 관심이 많아 아이가 부담스러워 해요!

A. 예전에는 아빠가 육아에 관심이 너무 없어 문제였다면 요즘 일부 아빠들은 아이의 교육에 관심이 너무 많아 문제를 일으키기도 합니다. 신세대 아빠들은 나보다 '가족' 위주로 생활하려는 마음을 가진 경우가 많습니다. 그래서 육아에도 적극적인 모습을 보이기도 합니다. 하지만 이런 아빠의 마음이 교육 측면에서 부작용으로 나타나는 경우가 종종 있습니다.

아빠들은 남자의 특성상 결과 중심적인 사고를 갖고 있습니다. 어떠한 과정 속에서 일어나는 다양한 측면을 살피기보다는 '그래서 결론이 뭐야? 그래서 성적이 어떻게 나왔어?'란 사고를 갖고 있다는 것입니다. 어떤 식으로든 사냥에 성공해서 아내와 아이를 먹여 살려야 했던 유전자가 결과 중심적인 사고를 갖게 한 것입니다. 그래서 아빠는 아이의 잦은 시행착오가 눈에 거슬리고 못마땅하게 느껴지는 것입니다.

결과 중심적인 사고를 지닌 아빠들은 '넌 이것도 못해? 도대체 뭐가 부족한 거냐?'라고 엄마보다 훨씬 더 강한 비난을 하기가 쉽습니다. 그리고 주입식 교육을 받으며 자란 아빠들은 오늘날의 교육 환경에 대해 잘 알지 못한다는 단점도 있습니다.

아빠가 아이의 교육에 적극적으로 참여하는 것은 참 좋은 일입니다. 하지만 이해와 공감이 없는 아빠의 관심은 아이에게 부담으로 작용하는 경우가 많습니다. 그래서 아이가 아빠를 피하고 거짓말을 하는 경우도 종종 있습니다.

따라서 자녀 교육에 관심이 많은 아빠들은 학교 부모 참관 수업에 적극적으로 참여해서 달라진 교육 환경을 이해하고 진정한 육아가 어떤 것인지 공부하는 것이 필요합니다.

결과를 중심으로 생각하는 것이 남자의 본능이라고는 하지만 소중한 아이를 그저 본능대로만 키울 수는 없습니다. 그러니 본능 탓이라고 체념하기보다는 아빠와 엄마가 함께 노력해야 합니다. 부부가 서로의 생각을 충분히 나눈다면 아이를 일관성 있게 지도할 수 있을 것입니다.

장난감이 없으면 못 노나요?

아이에게 놀이는 교육이자 삶 그 자체라고 할 수 있다. 아이들은 놀이를 통해 넘치는 에너지를 발산하고 몸을 사용하면서 두뇌 발달을 촉진한다. 그리고 놀이를 통해 협동과 인내를 배우고 자연에서 뛰어놀며 세상을 알아간다. 아이에게 놀이는 배움의 수단이자 생활의 전부이다.

그런데 아이와 놀이를 함께하는 것에 많은 부모들이 어려움을 느낀다. 아이가 놀고 싶어 하는 욕구가 끝이 없기 때문에 체력적으로 힘들기 때문이다. 장난감을 아무리 사줘도 금방 싫증을 내며 다른 것을 사달라고 조르기 때문이기도 하다.

원래 아이들의 체력은 어른보다 월등하다. 오죽하면 레슬링 선수와 7살짜리 아이가 함께 놀면 레슬링 선수가 먼저 지친다고 했을까? 그래서 아이에게는 함께 놀 수 있는 친구와 형제가 필요하다.

체력적인 면은 차치하고, 어떻게 해야 아이와 재미있게 놀 수 있을까? 답은 간단하다. 장난감 대신 자연에서 몸으로 놀아주는 것이다.

매번 똑같은 기능을 하는 장난감은 아이들에게 금방 싫증을 불러일으킨다. 하지만 아이들을 들판에 내어 놓으면 꽃과 풀잎, 꼬물거리며 기어가는 벌레를 보며 지치지 않고 노는 모습을 볼 수 있다. 자연은 계절에 따라 오만가지 색깔로 변화한다. 봄에는 알록달록 꽃이 피고 여름에는 푸르른 숲이 우거지며 가을에는 낙엽이 물들고 겨울에는 하얗게 눈이 내린다. 아이들은 이렇게 변화하는 자연에서 색깔, 냄새 등을 느끼고 만지고 뒹굴며 생명의 변화무쌍함과 자연의 신비를 느낀다. 그래서 자연은 아이들에게 싫증나지 않는, 오감을 살려주는 최고의 놀이터이자 학습의 장이다. 덴마크에서 1950년대에 숲 유치원이 시작된 것은 아이들이 체력도 기르고 다양한 놀이를 할 수 있다는 데 이유가 있었다.

숲에 자주 가지 못할 경우, 가까운 놀이터에서 흙무더기 놀이를 해도 아이들은 재미나게 놀 수 있다. 흙을 쌓았다, 부쉈다, 구멍을 냈다 하면서 재미를 느끼고 집중력을 기른다.

자연에서 나무에 오르고 벌레를 쫓고 하다 보면 잦은 시행착오를 겪게 된다. 아이는 시행착오를 통해 실패했을 때 다시 도전하는 마음, 도전해서 성공했을 때의 성취감을 느끼게 된다. 이런 경험은 아이가 세상을 살아가면서 맞이하게 될 많은 문제들을 이겨내는 힘을 기르는 데 도움이 된다.

자연과 달리 비슷한 패턴으로 움직이는 로봇 장난감은 아이의 흥미를 오랫동안 끌지 못한다. 많은 엄마들이 발달에 좋다는 장난감을 비싼 돈을 주고 구입한다. 아이와 같이 놀아줘야 한다는 의무감에, 놀이가 아이의 발달에 꼭 필요하다는 생각에서 사주는 것이다. 그런데 정작 장난감을 사주고는 아이와 같이 놀지는 않는다. 대부분의 경우 아이 혼자 장난감을 만지작거리고 엄마는 아이의 말에 건성으로 대답하며 지켜보는 경우가 많다. 이렇게 되면 아이는 재미를 잃어버리고 다른 장난감을 요구하게 된다. 정말로 장난감이 필요해서라기보다는 엄마의 관심을 끌기 위해서이다.

북유럽에서는 아이에게 블록 장난감을 사 주는 경우가 많다. 덴마크가 레고의 본고장인 것만 봐도 북유럽에서 블록 장난감을 얼마나 많이 이용하는지 알 수 있을 것이다. 아이들은 블록을 이용해 다양한 모양을 만들면서 창의력을 기른다. 다양한 모양을 만들 수 있기 때문에 싫증도 잘 내지 않는다.

우리나라 엄마들도 아이에게 블록을 사준다. 그러나 블록을 사주는 것보다 블록을 가지고 얼마나 효과적으로 아이와 '함께'하는지가 더 중요하다.

아이 혼자 덩그러니 내버려 두고 "자 놀고 있어. 엄마는 잠깐 세탁기 돌리고 올게."라고 말하면 아이는 블록에 흥미를 가지지 않는다. 아이에게 중요한 것은 혼자서 블록으로 무언가를 만드는 것이 아니라 엄마와 상호작용을 하면서 놀이의 스펙트럼을 넓혀가는 것이다. 엄마와 함께하면서 느낌을 공유할 때 아이의 재미와 집중력은 더 커지게 된다.

그럼에도 많은 엄마들이 아이와 함께 노는 것이 부담스럽고 귀찮으며 힘들다고 이야기한다. 그러나 조금만 생각을 달리하면 엄마도 즐기면서 아이와 함께 놀 수 있고 돈도 안 드는 창의적인 놀이가 얼마든지 있다. 우리가 어릴 때부터 해왔던 연날리기, 고무줄, 딱지치기, 제기차기, 실뜨기, 그림자놀이, 사방치기 등이 그렇다. 지금도 가까운 놀이터나 공원, 집안에서 할 수 있는 놀이가 무궁무진하다. 연날리기나 고무줄처럼 외부 활동이 필요한 것은 주말에 하면 되고, 실뜨기나 그림자놀이는 언제든지 창의적으로 할 수 있다.

특히 실뜨기는 아이의 집중력을 높이는 데 좋은 놀이이다. 실뜨기는 변화가 무궁무진하기 때문에 아이들이 쉽게 싫증을 내지 않는다. 또한 손 근육을 사용하는 놀이기 때문에 두뇌 발달에도 탁월한 효과가 있다.

아이와 함께 시장에 가서 생선이며 채소도 구경하고 마음에 드는 색깔의 털실을 구입하자. 집으로 돌아와 아이와 함께 실뜨기를 하면서 조금 어설프더라도 나름의 방식을 개발해 보자. 아이는 무척 즐거워하며 그 어떤 장난감보다 흥미를 느낄 것이다.

그림자놀이는 온가족이 함께할 때 좋은 놀이다. 아이들은 촛불을 무척 좋아한다. 케이크를 사면 굳이 누구의 생일이 아니더라도 촛불을 후 불어 끄면서 손뼉을 친다. 집의 불을 끄고 촛불을 켠 다음 손을 사용해 벽에 강아지며 말, 새 등을 그림자로 보여주는 놀이를 하면 아이는 흥미진진하게 구경하며 따라한다. 그림자놀이에 관한 책은 서점에 가면 얼마든지 있다. 그것도 귀찮으면 인터넷을 찾아보면 된다.

연날리기는 주로 휴일에 야외에서 할 수 있는 놀이이다. 하지만 주중이라도 아이가 엄마, 아빠와 함께 연을 만들면서 가족 모두가 재미를 느낄 수 있다. 아이는 자신이 직접 그림도 그리고 이름을 써 넣은 연에 애착을 느낀다. 그리고 놀이에 대한 기대감을 갖는다. 따라서 연날리기는 아이가 주도적으로 참여하고 즐거움을 느낄 수 있는 놀이라 할 수 있다.

무엇보다 아이에게 가장 좋은 놀이터는 자연이다. 그런데 자연에서 노는 것을 너무 거창하게 생각하면 밖으로 나가기 쉽지 않다. 하지만, 자연에서 노는 건 그리 어려운 일이 아니다.

일단 아이의 손을 잡고 김밥 집에 가서 김밥 두 줄을 사자. 그리고 전철을 타고 어린이대공원에 가자. 어린이대공원에서 동물도 구경하고 나무도 구경한 다음 김밥을 맛있게 나눠먹자. 단 돈 만원으로 나와 내 아이는 신나게 그날 하루를 즐길 수 있다.

만약 그럴 시간과 여유가 안 된다면 집에 있는 밥과 반찬을 싸가지고 뒷산이나 공원으로 나가자. 우리나라는 그 어떤 곳이라도 산이 있다. 나무에서 나오는 피톤치드, 그리고 흙냄새는 아이의 건강에 더할 나위 없는 선물을 선사한다.

마지막으로 소개해주고 싶은 전통놀이는 '옛날이야기'다. 요즘 엄마들에게 가장 안타까운 것이 옛날이야기를 잃어버렸다는 것이다.

어릴 적 할머니, 할아버지 품에 안겨 '옛날 옛날에…'로 시작되는 이야기를 듣는 것은 정말 신나는 일이었다. 할머니, 할아버지는 지치지 않고 끊임없이 옛날이야기를 들려주었고 아이들은 호랑이, 어린 남매, 백설 공주를 상상하며 잠이 들었다.

그런데 요즘 엄마들은 옛날이야기 대신 발달 상황에 맞는 그림책을 읽어주거나 인터넷 동화, 시디를 틀어준다. 물론 그림책을 읽어주거나 시디를 틀어주는 것이 나쁘다는 것은 아니다. 그리고 이왕이면 시디보다 그림책이 낫기는 하다. 그림책을 읽어줄 때는 읽어주는 것에 목적을 두기보다는 이야기 속에 담긴 느낌을 전달하는 데 목적을 두어야 한다.

그림책보다 더 좋은 건 옛날이야기를 들려주는 것이다. 왜냐하면 그림책보다 구술을 통한 이야기가 아이의 상상력을 더 자극하기 때문이다. 엄마나 아빠가 다양한 표정과 몸짓으로 아이에게 옛날이야기를 들려주면 아이들은 그림책보다 더 재미있어 한다.

　권선징악의 내용이 많이 들어있는 전래동화는 아이에게 자연스럽게 삶의 지혜와 충효의 중요성도 알려주는 효과가 있다. 아이가 좋아할 만한 이야기를 직접 지어내도 괜찮다. 그리고 이미 만들어진 이야기를 즉석에서 변형해도 상관없다.

　예전에는 할머니, 할아버지와 함께 거주하는 경우가 많았기 때문에 옛날이야기는 조부모의 몫인 경우가 많았다. 하지만 지금은 대부분 핵가족이기 때문에 그 역할을 해줄 조부모가 없다. 그래서 오늘날의 아이들은 그 좋은 옛날이야기를 잃어버리고 말았다. 상상력과 포근함을 경험할 기회를 박탈당한 것이다.

　이제 매일은 아니더라도 가끔씩 잠자리에서 누워 옛날이야기를 들려주자. 전래동화나 명작동화는 얼마든지 자료를 구할 수 있다. 그러니 엄마가 조금만 성의를 가진다면 아이는 엄마의 사랑을 받고 있다는 안도감과 함께 놀이의 기쁨도 느낄 수 있을 것이다.

전통놀이의 가장 좋은 점은 엄마나 아빠에게 육아의 자신감을 불어넣는다는 데 있다. 부모들은 아이와 잘 놀아주어야 한다는 것을 잘 알고 있다. 그래서 장난감이나 교구를 사다 준다. 그런데 그것을 가지고 어떻게 놀아줘야 할지는 알지 못한다. 게다가 아이가 장난감에 쉽게 싫증을 내기 때문에 '과연 이것을 사다 주는 게 잘 하는 일일까?' 하는 의문을 가진다. 그러다 보면 육아에 대한 자신감이 떨어진다.

그런데 전통놀이와 자연에서의 산책은 큰 비용이 들지 않으면서도 아이가 기뻐하고 재미를 느낀다. 그래서 엄마, 아빠는 아이와 잘 놀아주고 있다는 자신감을 갖게 된다. 자신감 있는 부모는 아이와의 놀이에 적극적으로 참여한다. 아이와 놀아주는 것이 스트레스 받는 일이 아니라 스트레스를 푸는 일이 되는 것이다.

현대의 엄마들은 아이를 빈틈없이 관리한다. 하지만 정작 아이와 '연대'하고 '공감'하는 능력은 부족하다. 서구식 육아법을 이론적으로만 받아들여 아이에게 적용했기 때문이다. 전통놀이는 아이와 유대감을 갖고 추억을 만드는 좋은 방식이며 우리 실정에 맞는 교육이다.

아무리 작은 것이라도 아이와 공통의 목표(재미)를 찾아 함께 즐기면 그 어떤 교구보다도 더 큰 학습 효과를 누릴 수 있다. 그러니 아이와 함께 노는 재미에 흠뻑 빠져보도록 하자.

Q. 부모와 노는 것엔 문제가 없는데
친구와는 어울리지 못하고 종종 맞고 와요.

A. 세상에 큰 공헌을 했던 사람들 중에는 사회성이 뛰어나지 못한 사람도 많습니다. 아인슈타인, 안철수 같은 사람은 어릴 때 친구와 잘 어울리거나 사회성이 좋은 사람이 아니었습니다. 혼자 있는 것을 좋아하고 생각하는 것을 즐기는 사람이었습니다. 그 나름대로 자신의 세계를 넓혀간 것입니다.

엄마들은 무조건 우리 아이가 친구와 잘 어울리기를 바랍니다. 물론 친구와 잘 어울리는 것은 좋은 일입니다. 그런데 친구와 어울리는 것을 불편해 하는 아이들도 있습니다. 그러므로 아이의 성향을 잘 이해하고 기다려주는 것이 필요합니다.

하지만 엄마들의 입장에서는 언제까지 기다려줘야 할지 막막하기만 합니다. 그렇다면 아이와 함께 놀이터에 나가 함께 노는 등의 구체적인 노력이 필요합니다. 동네 엄마들에게 "너희 집 아이도 데리고 놀이동산 같이 갔다 올게" 하면서 친구와 함께 노는 즐거운 시간을 만들어주는 것도 좋습니다. 내 아이까지 데리고 놀아준다는데 싫어할 엄마는 없으니 인심도 쌓을 수 있는 좋은 기회입니다.

친구와 놀 때에는 규칙과 양보가 필요합니다. 부모는 아이에게 무조건 맞춰주고 배려하지만 친구는 그렇지 않습니다. 친구는 대등한 관계이기 때문에 서로 양보하고 규칙도 지켜야 놀이에 참여할 수 있습니다.

간혹 규칙을 지키지 못하거나 소심해서 친구와 어울리지 못하는 아이들이 있습니다. 이럴 때는 엄마가 적극적으로 개입하기보다 아이가 자신의 성향과 맞는 친구를 찾도록 기다려주는 것이 좋습니다.

요즘 엄마들은 아이의 친구 엄마가 자신의 취향과 맞지 않으면 그 아이와 놀지 말라고 하는 경우가 있습니다. 이것은 아이의 대인관계 형성에 안 좋은 영향을 줍니다.

소심해서 친구에게 자주 맞고 들어오는 아이에게는 자신의 의사를 확실하게 표현하는 연습이 필요합니다. 집에서 "싫어. 하지 마. 네가 그러면 아파. 싫어."라고 의사 표현을 할 수 있도록 연습을 시켜야 합니다.

너도 똑 같이 때려주라고 하는 것은 아이에게 폭력을 가르치는 것과 다르지 않습니다. 폭력에는 폭력으로 맞서는 것이 아니라 확실한 의사표현을 할 수 있도록 가르쳐야 합니다.

아이에게 연습을 시킨 후에 전과 같은 상황에서 그에 맞는 대응을 했는지도 확인해야 합니다. 이렇게 몇 번 반복하다 보면 아이는 자신의 몸과 마음을 지키는 법을 알게 됩니다.

체벌은 꼭 필요한 것일까?

아이를 훈육하는 방법 중, 체벌은 어느 문화권에서나 의견이 분분하다. 사회마다 가정마다 각자의 입장이 있고, 그 이유를 들어보면 나름대로 타당성이 있다.

필자의 경우, 체벌은 결코 해서는 안 된다는 입장이다. 아이에게 체벌을 가하는 것은 올바른 육아가 아니다. 체벌은 아이가 커 갈수록 훈육을 점점 어렵게만 만들 뿐이다.

흔히 체벌은 아이의 잘못을 바로잡기 위한 방법이라 생각한다. 그러나 '매'는 아이를 훈육할 때 부모가 가장 쉽게 취하는 방식이자 잘못된 방식 중 하나이다.

아이를 바로잡을 수 있는 것은 사랑과 공감, 이해이지 체벌이 아니다. 체벌을 하면 아이가 그 순간만큼은 순종할지 몰라도 매질에 익숙해지면 결국 매를 무서워하지 않게 된다. 나아가 자신도 모르게 폭력적인 아이가 되고 만다.

유럽에서는 아이를 독립된 인격체로 보기 때문에 체벌을 하는 경우가 거의 없다. 체벌 대신 대화를 하고 좋아하는 간식을 주지 않거나 행동에 제약을 주는 수준에서 그친다.

우리나라 엄마들에게 매를 드는 이유를 물어보면 이런 대답을 한다.

"예전에는 다들 맞고 자랐잖아요. 그래야 엄마 무서운 것을 알고 애가 잘못을 안 해요. 너무 안 맞고 자라는 건 옳지 않다고 생각해요."

맞다. 예전에는 어느 집에나 회초리가 있었고 잘못하면 매를 맞았다. 그런데 아이를 체벌하는 것은 엄격한 규칙과 기준 안에서 이루어졌다는 것도 알아야 한다. 예전의 체벌은 부모와 아이의 합의 하에 이루어졌다. 무자비한 폭력과는 근본적으로 다르다.

김홍도의 〈서당도〉를 보면 훈장이 회초리를 들고 있고 아이는 종아리를 걷고 매를 맞을 준비를 하고 있다. 아마도 숙제를 하지 않았거나 공부 중에 딴짓을 해서 매를 맞는 것일 게다. 그런데 주변의 아이들 표정을 살펴보면 모두가 웃고 있다. 매를 맞게 되는 아이는 울상이지만 친구들은 웃으면서 그 광경을 지켜보고 있다. 아이들이 보기에 합당한 기준 속에서 체벌을 받고 있기 때문이다.

전통 육아에서 '회초리'는 잘못된 행동을 교정하는 수단이었다. 부

모의 분풀이나 감정이 실린 체벌은 결코 아니었다. 회초리를 들 때는 아이가 부모와 한 약속한 어겼을 때이다. 아이의 자존심을 상하게 하는 머리 부분이 아니라 종아리나 손바닥 등 정해진 신체 부위를 때렸다. 때릴 때는 몇 대를 맞을 것인지, 왜 맞는지에 대해 설명했다. 이덕무의 《사소절》을 보면 이런 회초리라도 함부로 들어서는 안 된다고 나와 있다.

어린아이가 잘못이 있을 때는 그 경중을 따라서 돈독히 경계하거나 엄격하게 책망을 할 일이지 큰소리를 지르거나 사나운 낯빛을 나타내거나 번거로운 말로 되풀이하여 야단을 치거나 조리에 맞지 않게 들볶아서는 안 된다. 이렇게 되면 은의(恩義)

와 계엄(戒嚴)이 함께 없어져버릴 뿐만 아니라 정(情)과 의리(義理)도 상할까 염려되기 때문이다.

– 중략 –

어린아이가 비록 잘못한 일이 있더라도 함부로 꾸짖지 말고, 마구 때리지 말라. 마구 때리는 사람은 중요한 점을 분별하지 못하는 것이다.

출처 : 《사소절》

아이가 이해할 수 없는 체벌은 성품을 망가뜨리니 신중해야 한다는 뜻이다. 또한 아이를 훈육하고 야단을 칠 때는 단호함과 엄격함으로 대해야지 부모의 감정에 따라 왔다갔다하거나 들들 볶아서는 안 된다는 것이다.

아이를 훈육할 때는 원칙이 있어야 한다. 아이가 잘못된 행동을 반복할 때는 그에 따른 행동의 제약이나 한계를 알려주고 예외 없이 적용해야 하는 것이다. 그런데 우리나라 부모들은 그때그때 기분에 따라 아이를 훈육하는 경우가 많다. 비슷한 잘못을 저질러도 엄마의 기분이 좋으면 넘어가고, 기분이 나쁘면 소리를 지르거나 매를 든다. 아이의 잘못에 이성적으로 대처한다기보다 감정적 화풀이를 하는 것이다. 때리지는 않더라도 인격적인 모독을 주는 욕설을 하는 부모도 있다. 아이의 자존감에 깊은 상처를 주는 행위이므로 절대 해서는 안 되는 일이다.

어떤 엄마는 "어떻게 애를 때려요? 그건 무식한 행동이에요"라고 말하면서 매질 대신 폭언을 한다. 가령 이런 것이다.

"너 때문에 못 살아! 차라리 나가 죽어!"

"내가 어쩌다 너 같은 걸 낳았는지!"

"야! 똑바로 안 해? 바보 같잖아. 엄마는 네가 창피해 죽겠어."

이런 말을 들은 아이는 마음 속 깊숙이 상처를 안게 된다. 만약 이런 말이 입에서 튀어나오려고 하면 심호흡을 하며 마음을 가라앉혀야 한다. 그리고 폭력적인 말 대신 '감정 언어'로 표현을 순화해야 한다.

"엄마는 은지가 갑자기 동생을 때려서 당황했어."

"엄마는 민수가 항상 장난감 정리정돈을 잘해서 자랑스러웠어. 그런데 오늘은 정리할 부분이 많이 있네?"

"엄마는 너의 생각을 똑똑하게 큰소리로 표현하는 유주가 정말 자랑스러워."

아이는 아무리 어려도 감정을 느끼는 인간이다. 그래서 엄마가 자신의 감정을 드러내는 말로 설명해주면 알아듣는다. '화딱지가 난다'거나, '열불이 터진다'거나, '미쳐버린다'는 말 대신 '슬프다', '가슴이 아프다', '당황스럽다'라는 말이 아이에게는 더 정확하고 상처 없이 전해진다. 그러므로 감정을 표현하는 단어를 미리 생각하고 연습하는 훈련을 해야 한다.

사람에게는 누구나 가학성이 있다. 대상이 사랑하는 자녀라고 해도 예외 없이 나타난다. 아이가 잘못했을 때, 때리거나 욕을 하게 되면 자신의 감정이 실리게 된다. 그동안 눌러왔던 육아 스트레스를 매질을 하며 푸는 것이다. 그렇게 되면 본래의 체벌 효과는 사라지고 상처를 받은 엄마와 아이만 남게 된다. 아이를 때리게 되면 아이는 당장 그 행동을 안 할지 모른다. 그러나 엄마는 아이에게 매질을 했다는 죄책감을, 아이는 마음의 상처를 받게 된다. 원칙 없는 체벌은 아이에게 반항심만 길러준다. 아이는 엄마가 자신을 사랑하기 때문에 때리는지 분풀이를 하기 위해 때리는지 알고 있다.

체벌의 목적은 아이가 잘못된 행동을 교정하고 다시는 반복하지 않도록 하는 것에 있다. 체벌을 효과적으로 하기 위해서는 '단호함'이 있어야 한다.

5살짜리 아이와 함께 마트에 가야 하는데 아이가 마트에 갈 때마다 떼를 쓰는 버릇이 있다고 치자. 그럴 때는 가기 전에 아이의 눈을 마주 보고 "오늘은 먹을거리만 사야 한다. 장난감은 살 수 없어. 그런데 마트에서 울거나 떼를 쓰면 엄마가 부끄러워. 떼를 쓰지 않으면 함께 갈 수 있어"라고 말을 해주어야 한다. 그리고 혹시 떼를 쓰는 상황이 일어나면 엄마 혼자 돌아올 거라고 말해주고 약속도 해야 한다. 그럼에도 아이가 마트 바닥에 누워 장난감을 사달라고 조른다면 아이에게 다가가 목소리를 낮추고 눈은 아이를 주시하고 천천히, 그리고 단호하게 말해야 한다.

"민수야, 안 돼. 엄마와 먹을거리만 산다고 약속했어. 계속 울고 있으면 엄마는 곤란해. 어떻게 하면 좋겠니? 그래도 계속 고집을 피운다면 엄마는 너를 두고 갈 수밖에 없어. 괜찮겠어? 일어나서 엄마를 따라오든지 아니면 여기서 계속 울든지 네가 선택해."

이렇게까지 했는데도 아이가 계속 울며 소리를 지른다면 뒤도 돌아보지 않고 가야 한다. 그러면 아이는 생존본능 때문에 울면서도 힐끔힐끔 엄마가 어떻게 하는지 눈치를 보다가 따라오게 되어 있다. 이런 일이 몇 번 반복되다 보면 아이는 더 이상 떼가 통하지 않는다는 것을 깨닫고 행동을 고치게 된다.

사실 나쁜 습관을 고치고 약속을 지키는 것은 어른들에게도 쉽지 않은 일이다. 아침에 다이어트를 하겠다고 결심하고, 저녁에 야참으로 라면을 끓여먹는 것처럼 말이다. 사리분별이 가능한 어른들도 이럴진대 아직 옳고 그름이 형성되지 않은 아이는 더욱 어렵다는 것을 인정하고 기다려주어야 한다.

아이가 떼를 쓸 때 엄마가 포기하지 않고 단호하게 대처한다면 아이는 자신이 엄마의 의견을 꺾을 수 없다는 것을 받아들이고 잘못된 행동을 바로잡는다. 만약 여기서 주변 사람들 보기 창피하다는 이유로 아이의 떼를 들어주거나 그 자리에서 매질을 하는 것은 아무런 소용이 없다. 아이가 엄마를 우습게 알거나 자존감이 깎이는 부작용만 낳을 뿐이다.

체벌은 엄격한 원칙과 규칙을 통해 행해져야 한다. 그보다 더 좋은 것은 단호함과 현명함으로 대처하는 것이다. 이것은 부모의 중요한 임무이자 덕목이다. 아이에게 제대로 된 예의범절을 가르치고 훈육하는 것은 힘이 드는 일이다. 하지만 그 과정을 통해 우리는 엄마로, 어른으로 당당하게 설 수 있다.

Q. 때리면서 기르지도 않았는데
아이가 폭력성을 보이면서 욕을 해요.

A. 아이들은 모방심리가 강합니다. 모방의 대상은 부모뿐만이 아니라 친구, 텔레비전, 게임 등도 해당됩니다. 내가 아이를 때리거나 욕을 하지도 않았는데 아이가 폭력성을 보인다면 그것은 아이가 폭력적인 것에 노출이 되었다고 생각하면 됩니다.

그런데 이런 폭력성을 너무 심각하게 여기진 마십시오. 아이는 욕이나 폭력이 신기하고 새롭고 재미있게 보여서 다가가는 경우가 많습니다. 친구가 하니까, 텔레비전에 나오니까 따라하고 싶어서 별 생각 없이 하는 것입니다. 이럴 때는 아이의 관심과 에너지를 다른 곳으로 돌려주면 됩니다. 운동과 놀이 같은 것으로 말이죠.

어떤 부모님은 아이들이 사춘기가 되자 온 가족이 다함께 태권도 도장에 다녔다고 합니다. 그곳에서 합법적으로 치고받으면서 에너지를 쏟아내어 사춘기의 폭풍을 잠재웠던 것이지요.

폭력이나 욕이 잘못된 것이라고 단호하게, 지속적으로 알려주는 것도 필요합니다. "너는 소중한 아이니까 이렇게 욕을 하면 안 돼. 욕을 하면 서로가 마음을 다치는 거야."라고 아이에게 알려줘야 합니다.

사람이 살아가면서 가장 중요한 '자존감'은 자신을 사랑하는 마음을 통해 형성됩니다. 그래서 자신을 사랑하는 아이는 다른 사람도 소중하다는 걸 알기 때문에 쉽게 폭력성을 보이지 않습니다. 어떤 엄마들은 친구들이 욕을 하는데 내 아이만 못한다고 해서 집에서 욕을 가르치는 경우도 있습니다. 그것은 아이가 아름답게 가꾸고 있는 자존감의 꽃밭 속으로 들어가 짓밟는 것과 다르지 않습니다.

아이가 폭력성을 보이면 너무 심각하게 생각하지 말고 '집이 아닌 다른 곳에서 안 좋은 것을 배웠구나'라고 여겨야 합니다. 그리고 폭력성이 자라는 것을 부드럽고 단호하게 막아줘야 합니다. 또한 친구들이 욕이나 폭력을 쓴다면 아이에게 "친구들에게도 욕이 나쁘다고 당당하게 이야기하라."고 해야 합니다.

아이의 폭력성은 반복적으로 나타날 수 있지만 특별한 원인이 있는 것이 아닌 이상 커가면서 자연스럽게 사라지게 됩니다.

선생님의 그림자도 밟지 않았던 선조들의 예절을 기억하자

앞서 유럽의 높은 교육 수준을 살펴보며 그 핵심에 교사의 자율권과 그 자율권을 인정하고 존중하는 학부모의 신뢰가 있다는 것을 알 수 있었다. 유럽이 창의적인 교육, 아이들의 배움의 속도를 인정하는 교육을 실시할 수 있는 이유는 수업의 내용과 아이들을 훈육하는 데 교사가 전폭적인 권한을 가지고 있기 때문이다.

그런데 우리나라의 교실은 선생님의 권위가 바닥으로 떨어진 것을 넘어 실종될 위기에 처해 있다. 교사가 아이들에게 주의를 주거나 체벌을 하면 엄마가 득달같이 달려와 "집에서도 안 혼내는 아이를 선생님이 뭐라고 혼을 내냐."며 항의한다. 그걸로 끝나는 것이 아니다. 인터넷 학부모 커뮤니티에 선생님을 비방하는 글을 서슴없이 올리고 마녀사냥을 하듯 선생님을 궁지로 몰아간다. 그런 모습을 본 아이는 선생님에 대한 존경심 대신 무시하는 마음을 더욱 키워나간다.

물론 교사도 인간인지라 교사 자격이 미달인 사람도, 실수하는 사람도 있을 것이다. 하지만 대부분의 교사들은 아이들을 잘 지도하고 좋은 스승이 되려고 노력하고 있다. 언론에 보도되는 폭력교사, 성희롱 교사는 극히 일부분이다. 원래 언론은 자극적인 것, 안 좋은 부분을 극대화해서 보도하는 경향이 있다.

현재 아이들을 지도하는 교사들은 어려움이 많다. 예전에 비해 자기중심적인 아이들을 30명 넘게 교사 혼자서 지도해야 하기 때문이다. 교사들에게 주어진 잡다한 업무 또한 교사의 어깨를 짓누르고 있다. 때로는 학부모들의 '무시'까지 견뎌내야 한다.

사실 우리나라 선생님들처럼 우수한 인재들은 찾아보기 힘들다. 선생님이 되기 위해서는 엄격한 교육 과정과 임용고시를 통과해야 한다. 이렇게 힘든 과정을 거쳐 교단에 서지만 현실은 냉혹하다. 엄마들이 내 아이를 황제처럼 대접해달라며 온갖 서비스를 요구기 때문이다.

원래 우리나라에서는 교사를 '스승'이라 칭하며 임금처럼 부모처럼 존경했다. 군사부일체(君師父一體)라는 말이 괜히 생겨난 말이 아니다. 양반가에서는 자신을 지도하는 스승을 극진히 대접하며 따랐다. 평민들이 다니는 서당에서도 훈장은 학부모들의 신뢰를 받으며 아이들을 가르쳤다.

평민들이 아이들의 교육을 위해 보냈던 서당의 특징을 잠시 살펴보기로 하자.

서당은 글방, 서재, 책방이라고 불리는 민간 교육기관으로 현재의 초등학교에 해당되는 기관이다. 서당은 교사의 역할을 하는 훈장과 학동이라 불리는 아이들, 그리고 아이들의 반장 역할과 보조교사 역할을 하는 집장으로 구성된다.

일반적으로 남자아이들은 5~6세가 되면 서당에 다니기 시작해 16세 정도에 공부를 끝마친다. 아이가 어느 시기에 무엇을 배울지는 훈장의 판단으로 이루어졌다. 느리게 배우는 아이는 느리게, 빠르게 배우는 아이는 빠르게 가르쳤다. 요즘 말하는 맞춤식 교육이 일찍이 서당에서 이루어졌던 것이다. 내 아이가 옆집 아이보다 진도가 느리다고 해서 항의하는 부모는 없었다. 배우는 속도는 전적으로 훈장의 판단에서 이루어졌으며 부모는 그런 훈장을 신뢰했다.

서당에서는 어린아이들은 훈장의 가까이에 앉고 나이가 꽉찬 아이들은 멀리 앉도록 했다. 그래야 어린아이가 선생님 곁에서 보다 많은 것을 질문하고 배울 수 있기 때문이었다. 또 방 안에 앉아 글공부만 하는 것이 아니라 계절에 따라 야외수업도 하고 놀이도 했다. 다양한 커리큘럼을 가지고 아이들을 지도한 것이다.

서당은 그 마을 아이들의 공동체 역할을 하며 이곳에서 함께 살아가는 법, 예의범절 등을 배웠다. 그곳에서 아이가 잘못을 했을 때 체벌을 받는 것은 당연한 일이었으며 아무도 불평을 하지 않았다.

서당은 오전에 일과를 시작해 오후에 끝나는데 시작과 끝은 스승께 감사의 절을 올리는 것이었다. 야간까지 공부를 해야 하는 경우 스승과 합숙을 하기도 했다.

서당에서 이루어지는 부모와 교사의 특징적인 관계를 하나 꼽아보자면 책거리라 할 수 있다.

아이가 한 권의 책을 떼면 훈장은 그 책을 벽에다 걸어놓고 축하의 말을 해준다. 부모는 그동안 아이를 열심히 지도해준 훈장과 자녀에게 격려의 의미로 음식을 마련해서 대접한다. 이때 마련하는 음식은 주로 국수, 떡, 경단 등이었다. 더 많은 학문을 속에다 넣으라는 뜻에서 떡의 속은 채우지 않았다. 서당의 아이들과 훈장은 음식을 나누어 먹으며 이를 마련해준 부모에게 고마움을 느꼈다.

이처럼 서당은 자식을 나누는 공간, 지식을 나누는 공간, 사랑과 신뢰를 나누는 공간이었다. 부모는 훈장에게 자녀를 내주면서 사랑으로 지도해줄 것을 부탁하고, 아이에게는 선생님의 말씀을 잘 따르겠다는 다짐을 받았다.

선생님이 내 아이를 잘 지도할 것을 바란다면 '우리 아이는 이러이러하니 잘 지도해 주세요.'라고 요구하기보다 신뢰를 하는 것이 더 중요하다.

필자의 큰 아이 익중이가 고등학교에 다닐 때 이런 일이 있었다. 하루는 익중이가 학교에서 돌아와 선생님이 자신을 칭찬해 주어서 무척이나 기분이 좋다고 말했다. 좋아하는 아이를 보니 선생님께 감사의 마음이 들어 편지를 한 통 써서 보냈다.

"선생님, 오늘 익중이가 칭찬을 받고 돌아와서 정말 기뻐하네요. 부족한 제 아이를 잘 지도해주시고 칭찬까지 해주셔서 정말 고맙습니다. 선생님의 칭찬이 익중이에게 새로운 활력소가 되었습니다."

그런데 다음 날 아이 손에 선생님의 답장이 들려져 있었다. 50대 남자 선생님이었던 그 분은 자신의 작은 칭찬이 아이에게 그렇게 큰 기쁨이 될지는 몰랐다고 말하면서 교사로서 이런 편지를 받은 것이 우물가에서 갓 길어 올린 시원한 냉수처럼 청량제가 되어 마음을 시원하게 해주었다고 했다. 그리고 교사로서 사명감이 다시금 느껴진다며 앞으로 아이들을 더 열심히 지도하겠다고 했다. 학부모의 고맙다는 말 한마디에 큰 힘을 얻은 것이다. 학부모로서 그런 선생님의 모습을 보는 것도 무척 기쁜 일이었다.

때로는 내 아이를 지도하는 교사가 폭력적인 말이나 용납할 수 없는 행동을 해서 아이가 상처를 받는 경우도 있다. 이럴 때는 아이의 말을 전적으로 믿기보다 사태를 정확하게 파악하는 것이 중요하다. 그리고 최대한 감정을 가라앉힌 뒤, 선생님을 찾아가 담담하고 차분하게 상황에 대해 설명을 들어보아야 한다.

이때 절대로 흥분하지 않고 이성적으로 말하되 엄마와 아이의 감정에 대해 정확하게 전달해야 한다. 화가 나고 감정이 끓어오르면 '죄송합니다 선생님, 제가 지금 이야기를 하다 보니 마음이 좀 불편해지네요.'라고 말하면서 양해를 구하고 대화를 이어나가야 한다.

사태를 정확하게 파악하는 것은 굉장히 중요한 일이다. 만약 교사의 잘못이 맞다면 선생님께 정중하게 다시는 그런 일이 없었으면 한다는 의사를 전달해야 한다. 아이가 오해를 한 경우라면 선생님께 사과를 드리고 아이의 오해도 풀어주어야 한다.

우리나라 사람들은 대체적으로 착한 심성을 가지고 있다. 그러므로 교사의 선한 마음을 신뢰하고 부모가 먼저 양보한다면 교사들이 다시금 스승으로 우뚝 설 수 있을 것이다.

김종성 충남교육감은 2012년 새해 인사에서 "선생님이 힘이고 교권이 교육의 근본이라는 '교권위본(敎權爲本)'을 펼치겠다."고 말했다. 맞는 말이다. 교육 현장의 최전선에 있는 교사들이 다시금 교권을 찾고 아이들을 지도할 때 비로소 우리 아이들은 수준 높은 교육을 받으며 행복한 유년시절을 맞이할 수 있다.

그런데 이것은 선생님과 교육계만 외친다고 되는 것이 아니다. 교사가 마음껏 역량을 펼칠 수 있도록 학부모가 힘을 실어주어야 한다. 만약 학부모가 교사를 단지 아이를 보는 보모 수준으로 대한다면 교사는 보모의 역할밖에 하지 못한다. 하지만 스승으로 섬기며 힘을 실어준다면 아이는 스승을 존경하고, 스승은 아이를 사랑으로 품어줄 것이다.

Q. 선생님과 친구들은 아무런 문제가 없어 보이는데 학교에 적응을 못 해요!

A. 이 문제는 여러 가지 이유가 있을 수 있습니다. 그런데 뾰족한 이유가 없다면 아이에게 예외를 쉽게 허용했기 때문이라고 볼 수 있습니다.

우리 유치원에는 매일 아침 입구에서 울면서 자기 입장을 호소하는 아이를 볼 수 있습니다. 들어가기 싫다면서 엄마를 힘들게 하는 거지요. 그러다 선생님이 나와서 달래주면 어쩔 수 없다는 듯이 들어옵니다. 그리고 엄마가 돌아가면 언제 그랬냐는 듯, 친구들과 어울려 놉니다.

옛말에 "누울 자리를 보고 다리를 뻗는다."는 말이 있습니다. 이 말은 아이에게도 예외가 아닙니다. 아이는 상황에 따라 어떻게 해야 할지 감각적으로 선택합니다. 만약 어른이 수용해 줄 것 같은 분위기면 얼른 주도권을 발휘합니다. 어떤 아이는 엄마와는 유치원에 잘 오다가 할머니와 함께 오면 갑자기 아기처럼 떼를 쓰며 집에 돌아가겠다고 억지를 부리기도 합니다. 이 아이에게는 할머니가 누울 자리인 것이지요.

부모라면 아이에게 단호하게 해야 할 일을 구분해주고 아이가 스스로의 행동에 대해 책임을 질 수 있도록 지도해야 합니다. 만약 학교에 적응을 못한다면 내가 혹여 아이에게 예외를 쉽게 허용했는지 돌아보아야 합니다. 아이의 성격이 지나치게 소심해서 그런 것이 아니라면 말입니다.

사랑에는 허용적인 사랑과 공의적인 사랑이 있고 부모는 이 두 가지 사랑을 때와 장소에 맞게 잘 사용할 줄 알아야 합니다. 아이에게 질서를 가르쳐주고 한계 안에서 자유를 누리도록 해야 한다는 말입니다. 한계는 어릴 때는 폭을 좁게 하고 성장할수록 넓혀줘서 스스로 결정할 수 있는 기회를 가질 수 있게 해야 합니다. 그래야 자율성과 책임감을 가진 아이, 사회성에 문제가 없는 아이로 자라나게 됩니다.

우리 조상들도
아이들을 일찍 독립시켰다

포대기로 아기를 업어주고, 수시로 젖을 주며 아이가 원할 때까지 안아주는 우리나라의 전통 육아. 한 없이 아이를 끼고 사는 것처럼 보이는 우리의 전통 교육도 자세히 살펴보면 '독립심'을 기르는 데 목표가 있다는 것을 알 수 있다.

앞서 아이가 5세가 되면 밥상을 독상으로 차려주고 10세가 되면 가사 노동을 분담시킨다고 말했다. 아이가 한 사람 몫을 하도록 키우기 위한 가정교육이었다. 이런 교육을 받으며 자란 아이는 15세가 되면 성인식을 치르고 하나의 인격체로 대접받았다.

예전에 우리나라에서는 아이가 사춘기를 맞이하면 남자아이는 상투를 올리고 여자아이는 댕기를 풀어 쪽을 지는 '가례(嘉禮)'를 치렀다. 가례는 관혼상제(冠婚喪祭)의 '관(冠)'에 해당되는 것으로 길일을 택해서 일가친척과 하객을 초청하여 치렀다. 이때 남자아이는 상투, 망건, 초립, 도포를 입고 아명 대신 평생을 쓸 자(字)를 받았다. 여자아이는 머리에 쪽을 지고 그 위에 족두리를 얹고 용잠을 꽂아 성인이 되었음을 알렸다.

아이들은 가례를 치러야 혼인을 할 수 있고 향교나 성균관 등 고등교육 기관에 입학할 수 있는 자격도 부여받았다. 그러므로 가례는 부모로부터 독립된 인격체가 되었고 사회적으로도 마음껏 활동할 수 있는 자격을 부여받았다는 것을 의미하는 것이라 할 수 있다.

아이들은 가례를 통해 성인으로서 지켜야 할 예절을 알고 사회 구성원으로서의 책임과 의무를 지켜야 한다는 걸 인지하게 된다. 가례는 초가례(初加禮)와 재가례(再加禮) 형식으로 진행되는데 초가례는 어린 마음을 버리고 어른의 마음을 지니겠다는 다짐을 하고 재가례는 한 가정의 구성원으로서 사회인의 책임을 다하겠다는 다짐을 한다. 술을 마시고 지어주신 이름을 소중히 사용하겠다는 다짐을 마지막으로 가례는 끝이 난다.

이렇게 우리 조상들은 오늘날보다 훨씬 빨리 자식들을 독립시키고 자립심을 길러주었다. 아마도 수명이 짧았던 것도 하나의 이유였을 것이다.

유럽의 부모들은 아이가 성년이 되면 사생활에 관여하지 않는다. 다만 성년이 될 때를 대비해서 어릴 때부터 가사노동을 나누고 스스로 선택하고 책임지는 교육을 할 뿐이다.

　이처럼 우리나라의 전통 교육과 유럽의 교육은 닮은 부분이 많다. 아이가 혼자서 자신의 인생을 선택할 수 있을 때까지 부모의 한계 안에서 교육을 시키다가 성장하면 미련 없이 보내주는 것 말이다. 하지만 다른 점도 분명히 있다. 유럽은 우리나라처럼 아이를 끼고 살며 품어 키우지는 않는다는 것이다.

　나는 우리나라 실정에는 아이를 안아주고 품으며 유아기를 보내는 것이 더 맞다고 생각한다. 포대기로 아이를 업어주고 만져주고 엄마와 한 이불 속에서 뒹굴며 잠드는 것이 우리의 DNA에 새겨져 있기 때문이다.

　아울러 청소년기가 됐을 때 독립을 시켰던 전통도 되살려야 한다고 생각한다. 선조들은 때가 되면 자식들에게 성인의 의무와 책임, 그리고 자유를 알려주고 미련 없이 떠나보냈다. 그것이 자식을 사랑하는 가장 좋은 방법이라 믿었기 때문이다. 그래서 그때를 기다리며 혼자 설 수 있도록 미리미리 교육시킨 것이다.

오늘날의 부모들은 자식이 성인이 되어도 품에서 떠나보내지 못한다. 심지어 결혼한 후까지 자식의 뒷바라지를 위해 전전긍긍한다. 아이가 어릴 때는 어떻게 기르는 것이 맞는지 갈피를 못 잡고 아이를 따로 재웠다가 품었다가 다시 혼자 내버려두었다가 한다. 이처럼 중심을 잡지 못하는 부모의 모습을 보며 아이는 혼란을 느낀다. 아이 역시 떠날 수도 그렇다고 옆에 계속 있을 수도 없는 어정쩡한 상태로 살아간다. 이것은 부모와 자식 모두에게 옳지 않은 일이다.

서양에서는 '우리'라는 개념보다 '나'라는 개념이 더 우선이다. 그래서 잠도 따로 재우고, 혼자서 많은 일을 하도록 하며, 혼자 공부하도록 한다. 우리가 보기에는 이기적으로 보일지 몰라도 그것이 전통이기 때문에 어릴 때부터 자연스럽게 몸에 배도록 교육 받는 것이다.

하지만 우리나라에서는 '나'라는 개념보다 '우리', '가족'이라는 개념이 더 강하다. 그래서 '배려', '이해', '다른 사람의 입장'에 대해서 교육받고 교육시킨다.

'이 공룡을 혼자만 갖고 노는구나. 윤호가 함께 놀고 싶어 하는 데 같이 놀이를 하면 어떨까?'

'진우야, 너는 윤호랑 놀고 싶은 데 윤호가 너랑 놀기 싫다면 마음이 어떨까?'

이런 식으로 말이다.

오늘날의 엄마들이 아이에게 서양식 독립심을 심어주려고 해도 엄마 자신이 서양식 교육 방식을 이해하지 못한다면 아무런 소용이 없다. 게다가 서양식 교육 방법은 우리에게 잘 맞지 않는다.

필자가 에코맘들에게 권하고 싶은 것은 유럽이나 우리의 전통교육 방식에서 좋은 점만을 선별해서 부모가 가장 편하고 익숙한 방법으로 교육을 하자는 것이다.

아이가 어릴 때는 마음껏 안아주고, 힘들더라도 품어주고, 우리의 어머니들이 그랬던 것처럼 한없는 사랑을 주고, 가족이라는 공동체 안에서 끈끈한 정을 느끼게 해주자는 것이다.

아이가 독립심을 기르지 못한다고 전전긍긍할 필요는 없다. 아이는 때가 되면 내가 붙잡고 싶어도 떠날 것이다. 그때까지 아이와 함께 아름다운 추억과 사랑을 마음껏 나누면 된다. 그리고 아이가 성장하면 잘 떠나갈 수 있도록 선조들처럼, 유럽맘처럼 어릴 때부터 가사노동을 분담시키고 가족의 어려움과 고난을 함께 나누도록 교육해야 한다.

에코맘들은 아이를 사랑하는 방식에 혼란을 느껴 마음껏 안아주기보다 영어책을 읽어주고 아이의 성적표에만 매달린다. 그리고 자녀가 성인이 되어도 그 책임에서 벗어나지 못한 채 생계를 책임져주고 미래를 대신 그려주고 있다. 말 그대로 '자식 가진 죄인'처럼 살아가고 있는 것이다.

자녀를 낳아 기르는 것은 사람으로 태어나 누릴 수 있는 기쁨 중 가장 큰 즐거움이고 행복한 일이다. 그 행복을 제대로 느끼기 위해서는 적시에, 적기에 자녀에게 가장 필요한 것을 제공하고 함께 나누어야 한다. 우리 선조들의 지혜와 유럽 교육의 장점을 받아들이면 육아가 어려움이 아닌 감동으로 다가올 것이다.

Q. 첫째 아이에게 신경을 많이 쓰다 보니 둘째가 너무 독립심이
   강한 것 같아요. 뭐든지 자기가 스스로 하려고 하는데 괜찮을까요?

A.. 6살 다은이는 뭐든지 스스로 하는 아이입니다. 입고 싶은 옷도 스스로 선택하고 신발도 혼자 신으며 밥도 혼자 먹습니다. 엄마가 볼 때는 참 자랑스럽지요. 다은이가 이렇게 된 데에는 엄마가 첫째인 오빠에게 신경을 많이 쓰다 보니 자연스럽게 관심을 덜 받게 된 이유가 큽니다. 엄마는 그런 다은이가 고맙기도 안쓰럽기도 하지만 걱정도 됩니다. 왜냐하면 자기주장이 너무 강해서 뭐든지 뜻대로 하려고 하기 때문입니다.

"원장님, 얼마 전에는 잘못된 행동을 고쳐주려고 하니까 화를 내면서 자기 뜻대로 하고 싶다고 꼬박꼬박 말대꾸를 해요. 자립심이 강한 것도 좋지만 이러다가 통제가 안 될까봐 걱정도 돼요. 한편으로는 뭐든지 잘해내서 믿음직스럽기도 하고요. 우리 다은이, 너무 자존감이 커서 그러는 것일까요?"

필자는 이런 이야기를 들으면 걱정하지 말라고 대답합니다. 이런 아이들은 초등학교에 가면 부모 손이 안 가도 자기 할 일을 잘 해내는 경우가 많기 때문입니다.

독립심과 자존감이 강한 아이들은 첫째보다 둘째나 셋째인 경우가 많습니다. 왜 그럴까요?

엄마들은 첫 아이를 기르면서 어떻게 할지 몰라 갈팡질팡하며 자주 시행착오를 겪습니다. 그리고 뭐든지 잘해주려, 대신 해주려 노력합니다. 그러다 보니 첫째 아이들은 소심한 경우가 많고 기대려고 하는 성향이 큽니다. 하지만 둘

째, 셋째 아이는 기회나 혜택이 첫째보다 적기 때문에 자연스럽게 생존을 위해 스스로 움직이게 됩니다.

우리는 이런 지혜를 첫째에게도 적용해야 합니다. 뭐든지 엄마가 해주려는 마음을 접어두고 아이 스스로 많은 기회를 찾을 수 있도록 허락해야 합니다. 아이의 인생은 아이의 것입니다. 부모는 아이를 돕는 조력자라는 것을 명심하고 아이에게서 조금 물러서서 지켜보는 것이 필요합니다.

이럴 땐
어떻게 해야 하나요?

1. 컴퓨터만 하면서 혼자 놀려고 해요!

2. 거짓말을 밥 먹듯이 하면서 현실과 꿈을 구별하지 못 해요!

3. 맞벌이 때문에 할머니께 맡겨두고 주말에만 보는데 육아 문제로 갈등이 생겨요!

4. 아이가 손톱을 자꾸 물어뜯고 도벽도 있는 것 같아요!

5. 공부를 잘하는 건 좋지만 못하는 친구를 무시해요!

6. 친구들과의 놀이에서 규칙을 지키지 못해요!

7. 한 부모 가정이라서 아이를 제대로 양육할 수 있을지 걱정이 돼요!

8. 지나치게 깔끔하고 겁이 많아요!

1. 컴퓨터만 하면서 혼자 놀려고 해요!

아이가 초등학교에 가면서 통신 기기와 접하게 되는 것은 자연스러운 일입니다. 학교 숙제도 컴퓨터를 이용하는 것이 많고, 엄마 역시 아이를 지도하려면 정보를 나눌 수 있는 인터넷 카페도 이용해야 하기 때문입니다. 이처럼 오늘날의 아이들과 엄마들은 컴퓨터와 떼려야 뗄 수 없는 사이입니다.

요즘 아이들에게 컴퓨터란 교육의 도구이자 종합 놀이기구이기 때문에 아예 쓰지 못하도록 금지하기란 사실상 어렵습니다. 그리고 컴퓨터를 제대로만 이용한다면 좋은 놀이기구, 학습기구가 되기도 합니다. 하지만 장시간 사용하면 집중력과 판단력에 안 좋은 영향을 끼치게 됩니다.

아이가 컴퓨터에 집착 한다면 사용 시간을 정해주고 그 대신 엄마 아빠가 놀아주려 노력하는 것이 가장 좋습니다. 하루에 30분 정도로 시간을 정해주고 반드시 지키도록 하며 컴퓨터 안에 유해 사이트를 걸러주는 키즈락 같은 보완 프로그램을 설치하면 좋습니다. 컴퓨터가 있는 장소를 거실 등의 공개적인 장소에 놓는 것도 좋은 방법입니다.

또한 엄마 아빠가 컴퓨터, 스마트폰을 이용하는 모습을 자주 보이지 않는 것이 좋습니다. 엄마 아빠는 하는데 아이는 못한다는 것은 이치에 맞지 않기 때문입니다. 부모가 잠들 때까지 스마트폰을 붙잡고 살면서도 아이에겐 만지지 못하게 한다면 "엄마도 보면서 왜 나만 못 보게 해? 아빠도 게임하는데 나는 왜 못해?"라는 반발심을 불러오게 됩니다.

컴퓨터와 스마트폰은 가족이 함께하는 시간에는 꺼두는 게 좋습니다. 그러면 가족이 함께하는 행복을 느낄 수 있을 것입니다.

2. 거짓말을 밥 먹듯이 하면서 현실과 꿈을 구별하지 못 해요!

아이들이 현실과 꿈을 구별하지 못하고 공상의 나래를 펴는 것은 한때입니다. 모든 아이들이 이런 시기를 겪고 예민한 아이들은 조금 더 크게 느끼기도 합니다. 이걸 심각하게 받아들이면 엄마가 멀쩡한 아이를 거짓말쟁이로 만들어 버리게 됩니다.

이럴 때는 아이의 이야기를 들어주면서 대화를 재미있게 풀어가는 게 좋습니다. 그러면 아이의 상상력도 커지고 문제가 심각하게 드러나지 않게 됩니다.

흔히 사람들은 작은 문제를 크다고 생각해서 오히려 문제를 키워나가는 오류를 범합니다. 상상력이 풍부한 아이에게 "자꾸 거짓말 하면 피노키오처럼 코가 커져!"라고 말하면 아이는 "엄마 왜 자꾸 장난쳐!"라며 반발 심리를 드러냅니다.

그렇지만 아이가 잘못을 덮으려고 자꾸 거짓말을 하는 경우는 단호하지만 부드럽게 훈육해야 합니다.

"실수를 하는 건 당연한 거야. 실수는 누구나 하는 거니까 말이야. 하지만 거짓말을 하는 건 좋지 않아. 잘못 했다면 엄마에게 솔직하게 말해주렴. 혼나는 게 겁이 나서 거짓말을 하진 마. 엄마가 혼내지 않을게"라고 말해야 합니다.

아이가 솔직하게 잘못을 시인하면, 약속을 깨뜨리고 야단을 쳐서는 안 되며 함께 해결책을 찾아보는 것이 좋습니다.

3. 맞벌이 때문에 할머니께 맡겨두고 주말에만 보는데 육아 문제로 갈등이 생겨요!

육아는 굉장히 섬세한 과정이라서 나 아닌 어느 누구와도 갈등이 생기기 마련입니다. 부부 간에도 육아의 개념이 달라 의견조율이 쉽지 않은데 시어머니나 친정어머니처럼 세대가 다르고 입장이 다른 분과 갈등이 생기는 것은 당연합니다.

친정어머니에게 아이를 맡기게 되면 너무 막 대하게 되고 시어머니는 어려워서 말을 못하고 있다가 감정이 쌓여 남편에게 불만을 쏟아내는 경우가 많습니다. 직접 아이를 기르지 못하는 미안함을 친정어머니에게 쏘아붙이는 형태로 나타내기도 합니다. 그래서 아이 엄마나 할머니 모두 스트레스와 상처를 받는 상황이 벌어지는 것입니다.

이러한 갈등을 피하는 유일한 방법은 엄마가 아이를 직접 기르는 것입니다. 아이를 늦게까지 보육을 해주는 어린이집에 맡기고 저녁에는 엄마가 돌보는 것이지요. 하지만 현실적으로 불가능하기 때문에 할머니들의 도움을 받는 것입니다.

그럴 때는 할머니가 봐주시는 것에 그냥 감사하는 마음을 갖고 포기하는 것이 안타깝지만 현실적인 답입니다. 내 마음에는 들지 않지만 할머니의 양육방식을 받아들이고 허용함으로써 엄마나 할머니 모두 감정적 지침을 더는 것입니다.

4. 아이가 손톱을 자꾸 물어뜯고 도벽도 있는 것 같아요!

손톱을 물어뜯거나 물건을 훔치는 것은 대개 불안증상에서 시작됩니다. 그래서 아이가 왜 불안해하는지, 어떻게 그것을 시작하게 됐는지

주의 깊은 관찰과 대화가 필요합니다.

특히 손톱을 물어뜯는 아이는 어느 타이밍에 물어뜯는지를 살펴야 합니다. 자기 전에 하는지, 아니면 지루할 때 그러는지, 심심해서 그러는지, 무안할 때 뜯는지를 살펴야 합니다. 아이가 온종일 손톱을 뜯지는 않을 것이니 어떤 패턴이 있을 겁니다. 그 패턴을 발견했다면 그 타이밍에 다른 놀이나 관심사를 찾아주면 됩니다. 하지만 기본적으로 불안증세가 있거나 구순기에 만족감을 못 얻은 아이들이 손톱을 뜯는 경우도 있으니 심도 깊은 대화가 필요합니다.

어쩌다 손톱을 뜯게 되었는데 그게 재미있어서 계속 하는 아이들도 있습니다. 심할 경우에는 성인이 될 때까지 뜯기도 합니다. 이 경우는 불안증세 때문이 아니라 습관으로 굳어진 것이니 손톱을 뜯기 시작했다면 조기에 바로잡아 주는 것이 좋습니다.

도벽은 아이의 마음에 상처가 있을 때 드러나는 경우가 많습니다. 이럴 때도 마찬가지로 심도 있는 대화를 나누고 전문가의 도움도 받아야 합니다. 대부분 엄마들은 아이를 객관적으로 살피고 아이의 상처를 인정하는 데 미숙합니다. 내가 얼마나 사랑했는데, 내가 얼마나 잘해줬는데 라고 여기며 엄마 역시 상처를 받기도 합니다. 하지만 아이의 도벽은 반드시 바로잡아야 하는 것이니 객관적으로 판단하는 것이 중요합니다.

한 번은 이런 일이 있었습니다. 도벽이 있는 아이였는데 큰 문제라 생각하지 않고 틈틈이 선물도 주고 하루에 한 번씩 안아주었습니다. 그랬더니 시간이 흐르면서 점차 도벽이 사라졌습니다. 이처럼 아이들의 도벽은 마음의 상처, 불안, 사랑에 대한 목마름에서 벌어지는 경우가 많으니 그 문제를 정확히 들여다보고 대처하는 것이 중요합니다.

5. 공부를 잘하는 건 좋지만 못하는 친구를 무시해요!

"공부 못하면 청소부 돼!"

"공부 못하면 수위 아저씨가 돼!"

"공부 못하면 무시 받고 거지가 돼!"

혹시 아이에게 이런 말을 은연중에라도 하지 않았나요? 아이가 공부를 잘하지만 못하는 친구를 무시한다면 그것은 100% 부모의 마인드, 부모의 영향 때문입니다. 아이에게 공부의 중요성을 알려주려고 무심코 했던 말이 부작용을 일으킨 것이지요.

문제는 어떤 엄마들은 이런 말이 잘못된 것이라고 인식하지 못한다는 것입니다. 이런 엄마들은 공부를 잘해야만 성공할 수 있다고 여기고 아이에게 못하는 친구를 무시해도 된다는 잘못된 인성을 심어줍니다.

우리 사회는 공부가 아니더라도 잘하는 것이 한 가지라도 있다면 얼마든지 살아갈 수 있는 사회입니다. 김연아나 정명훈 같은 세계적인 스타도 오로지 스케이트, 음악 하나로 성공을 한 사람입니다. 그런데 엄마들은 김연아 같은 아이가 흔하냐면서 무조건 공부가 최고라고 강조

합니다.

그런데 엄마들이 착각하고 있는 것이 한 가지 있습니다. 아이가 초등학교, 중학교, 고등학교에 가서도 꾸준히 공부를 잘 할 것이라는 믿음입니다.

하지만 아이들의 학업 성적은 언제 달라질지 모르는 롤러코스터와 같습니다. 그러므로 아이가 지금 공부를 좀 잘한다고 해서 잘못된 자존감, 비뚤어진 자신감을 심어주어서는 안 됩니다.

공부도 중요하지만 올바른 마음가짐과 자존감이 더 중요합니다. 높은 자존감을 가진 아이는 자신을 사랑하기 때문에 다른 사람도 사랑하고 존중할 줄 압니다. 이런 아이는 성적이 롤러코스터를 타도 스스로 인생을 개척할 수 있는 어른으로 자라납니다. 아이의 인생에서 정말로 커다란 힘을 발휘하는 것이 무엇인지 깨닫는 것이 중요합니다.

6. 친구들과의 놀이에서 규칙을 지키지 못해요!

아이들이 규칙을 잘 지키지 못하는 것은 당연합니다. 혹시 엄마가 어떠한 선을 그어놓고 그 안에서 아이가 제대로 행동하지 못할까 불안해하는 것은 아닐까요?

예를 들어 아이가 놀이터에서 모래 놀이를 하는데 친구에게 모래를 장난삼아 뿌릴 수도 있습니다. 그때 엄마가 얼른 개입해서 "너 왜 이랬어? 왜 친구한테 모래를 뿌렸어?"라고 말하며 아이의 행동에 제약을 겁니다. 물론 아이가 장난이 심하다면 어느 정도의 제재는 필요합니다. 하지만 아이들은 그렇게 놀면서 아이들만의 규칙을 만들어갑니다.

친구들과 규칙을 잘 지키지 못한다고 생각해서 자꾸 개입을 하게 되면 오히려 아이가 친구와 잘 놀지 못하는 경우가 생깁니다. 그리고 자꾸 엄마에게 와서 이르게 됩니다.

"쟤가 나한테 이렇게 했어."

"쟤는 손을 안 씻어. 지저분해."

엄마의 눈으로 보는 규칙과 아이의 눈으로 보는 친구, 그리고 규칙은 조금 다릅니다. 아이들만의 놀이를 허용해주고 엄마는 그 규칙의 틀을 느슨하게 풀어줄 필요가 있습니다.

7. 한 부모 가정이라서 아이를 제대로 양육할 수 있을지 걱정이 돼요!

요즘은 한 부모 가정이나 재혼 가정이 드물지 않습니다. 그리고 한쪽 부모가 없다고 해서 아이를 잘 키울 수 없는 것도 아닙니다. 문제는 대다수의 한 부모 가정이 경제적으로 여유가 없다는 것입니다. 혹은 경제적으로는 넉넉하더라도 아이를 양육할 시간이나 육체적 여유가 없기도 합니다.

양쪽 부모가 다 있다면 어느 한 사람이 경제를 책임지고 다른 한 사람이 육아를 책임질 수 습니다. 그리고 맞벌이를 한다 하더라도 육아에 대한 부담을 나눌 수 있습니다. 하지만 한 부모 가정은 그럴 수가 없습니다.

그래서 한 부모 가정은 경제적, 시간적 빈곤을 적극적으로 대처하는 것이 중요합니다. 요즘엔 한 부모 가정을 대상으로 다양한 복지 서비스가 이루어지고 있습니다. 그런 것을 적극적으로 찾고 도움을 받아 육아의 어려움을 해결하는 것이 좋습니다.

하지만 아직까지 대다수의 한 부모 가정이 자신들의 문제를 공개적으로 드러내는 것에 거부감을 느낍니다. 아이에게 혹여 피해가 갈까, 상처가 될까 하는 마음도 있고 자존심 문제도 있기 때문입니다. 하지만 경제적 뒷받침이 든든할 때 다른 곳을 돌아보는 여유도 생긴다는 것을 인정해야 합니다.

또한 아이에게 죄책감을 가지고 대할 필요도 없습니다. 혼자라도 아이에게 충분한 사랑을 준다면 정서적으로 냉랭한 가정보다 훨씬 행복하게 자랄 수 있으니까요.

8. 지나치게 깔끔하고 겁이 많아요!

아이가 지나치게 깔끔하다면 성향이 소심해서일 수도 있고 엄마가 성격이 깔끔해서 학습된 탓도 있습니다.

대부분 배변 훈련 과정에서 아이의 태도가 결정됩니다. 어떤 엄마는 아이가 대변을 보고 난 후 매번 물로 씻어줬습니다. 그렇게 하는 것이 깔끔하다고 생각해서였습니다. 그런데 아이가 유치원에 가자 문제가 터졌습니다. 집이 아닌 곳에서는 화장실에 잘 가지 못했던 것입니다. 아이는 대변을 보고 난 후 집에서처럼 엉덩이를 씻어야 하는데 씻지 못해서 당황하고 스트레스를 받았습니다. 집에서는 엄마가 바지며 속옷을 다 벗기고 화장실을 쓰게 했고 물로 뒤처리를 해줬는데 밖에서는 그러지 못하니 바깥 화장실은 아이에겐 공포와 마찬가지였습니다.

그래서 아이의 배변훈련이 중요합니다. 깨끗한 것이 좋지만 지나치게 깨끗한 것은 아이에게 강박과 결벽을 심어줄 수 있습니다. 배변훈련을 할 때 하루에 한 번 목욕 시간을 제외하고는 지나치게 씻기는 것은 좋지 않습니다.

배변훈련 뿐만 아니라 아이가 옷에 뭔가를 묻힐 경우 바로 갈아입히든지 꾸중을 하든지 하면 결벽증적인 면을 보이게 됩니다. 아이를 기를 때는 깨끗한 것도 중요하지만 느긋한 기다림도 필요합니다. 또한 실수를 용납하는 것도 필요합니다. 아이가 옷에 밥풀이나 흙을 묻힌다면 혼낼 것이 아니라 "괜찮아"라고 말해주는 것이 좋습니다. 깨끗하게 키우고 싶다는 엄마의 욕심이 아이의 성격을 소심하게 만들 수 있다는 것을 잊지 말아야 합니다.

북유럽
자녀교육의
비밀